JN152981

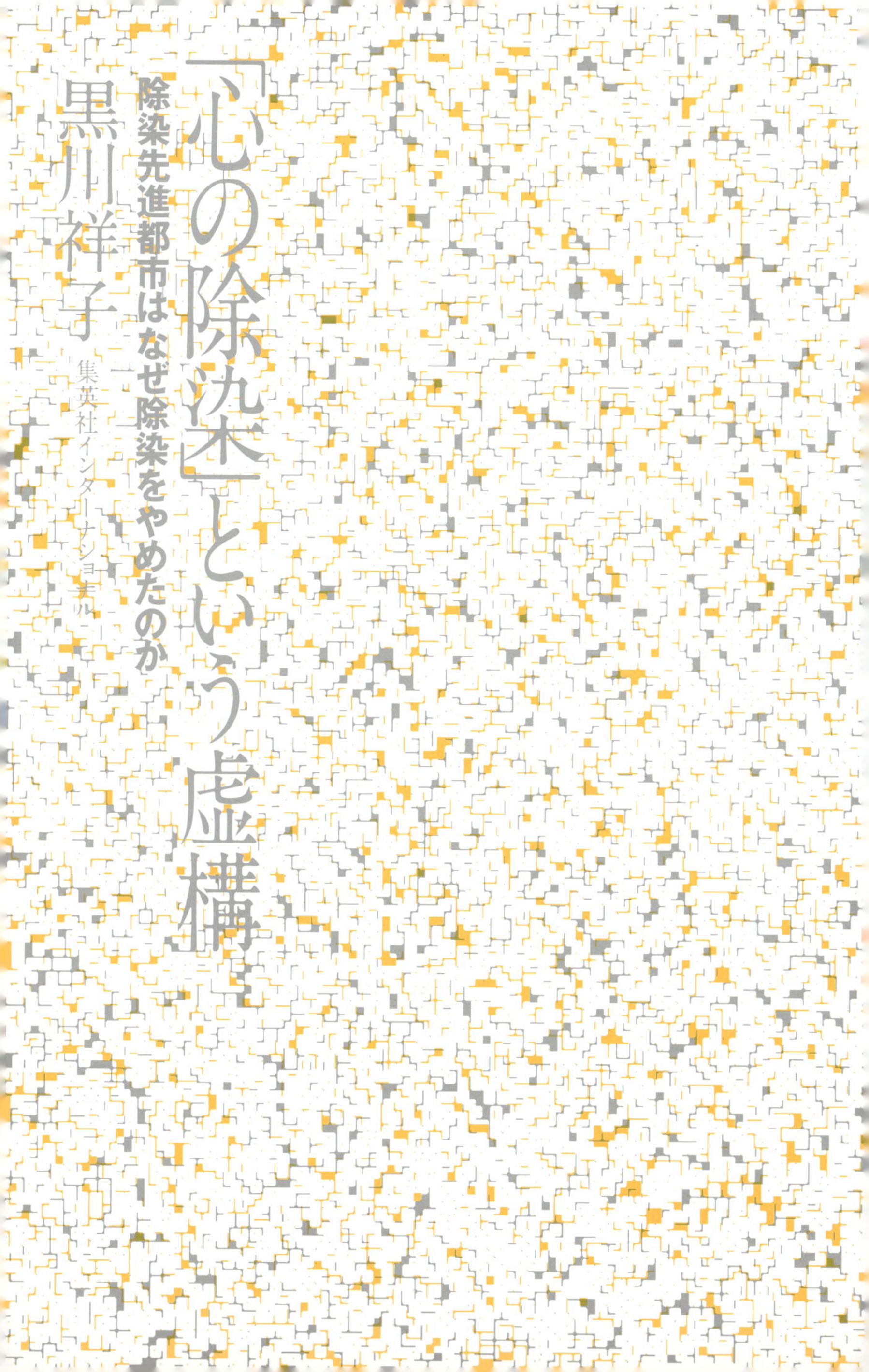
「心の除染」という虚構
除染先進都市はなぜ除染をやめたのか
黒川祥子
集英社インターナショナル

「心の除染」という虚構

除染先進都市はなぜ除染をやめたのか

ブックデザイン　鈴木成一デザイン室

はじめに

2015年8月、東京都あきる野市郊外。武蔵引田駅から歩いて十分ほどにある教会を拠点に、福島の子どもたちの保養キャンプが行われていた。

「ここ、ほんとに東京なの？」

子どもたちの率直な感想はもっともだった。ビルとも騒音とも無縁な、見渡す限りの田園地帯。草いきれが立ち込め、滴るような緑に囲まれた一帯は、日が沈めば、あっという間に闇に覆われ、しんとした静けさに包まれた。

ここに宿泊して3日間、子どもたちは山や川や公園で遊ぶのだ。放射能の影響のない自然のなかで思う存分に過ごす——、保養は汚染地で暮らす子どもにとって必要なことであり、心身の健康によいことは、チェルノブイリの経験でわかっていた。

実は目の前にいる子どもたちの大半は、私の母校、今は「伊達市立」となった、旧梁川町立梁川小学校の、うんと年の離れた後輩たちだった。お世話になる大人たちに、はにかみながら自己紹介する一人ひとりの背をはらはらしながら、親になったかのように見守っていた。

そんななか、何人かの子どもが強い意志を口にした。

「川で、遊びたいです」

ああ……。瞬間、身体が硬直した。

遠い昔、小学生だった頃。夏休みといえば、川だった。学校のプール以外は、川しかないといっていいほどに。

通常の遊び場は自宅裏にある天神さまだが、夏場はその裏にある塩野川が主役となった。泳げるような流れではなく、足首までのチョロチョロした瀬と、大きな石が点在する膝下までの渕。それが、その世界のすべてだ。朝から暗くなるまで、透き通った流れに浸かって毎日、飽きることはなかった。カイパリ（服を水で濡らす）しても、家に戻る時間がもったいなくて、カイパリのパンツはじきに乾くと言い聞かせた。

時に年長の男の子たちは、小学生とは次元の違う遊びをやってのけた。大きな石に身体ごと覆いかぶさり、石の底に両手を回す。ぱっと起き上がるや、その手には腹が虹色に輝く銀色の魚がのけぞって跳ねる。キラキラ輝く魚を勲章のように掲げ、誇らし気にチビたちに笑って話すのだ。

「ほれ、石の下で、寝てんだー」

手品のような技が眩しくて見よう見まねをするけれど、一度も魚に触ることもできなかったし、たとえ触ったとしても、きゃっと手を引っ込めてしまうことも自分ではわかっていた。

夢中になったのは川砂の中にいる、黒みどり色の貝だ。しじみだった。ある日、群生する場所を発見した。両手いっぱいに持ち帰れば、台所に立つ父が目を輝かせ、味噌汁に。毎日飽きもせずせっせと貝を持ち帰り、やがていくら探してもただの1個も見つからない日がやってきた。だから、塩野川のしじみを絶滅させたのは私だと思っている。

それが小学生にとっての、当たり前の日常だった。川だけでない。弟と「春」を探しに出かけた田んぼや畑の畦道も、登って腰をかけうっとりするのにちょうどいいくるみの枝も、ダンボールで滑り降りる堤防の土手も、「バッタラ」（草を縛って足をひっかけて転ばす罠）を仕掛けた草原も、大木の根っこで囲われた崖の中腹にある秘密基地も、あの時、子どもだった私は自然の中に身体を投げ出し、もたれて、くるまれて生きていた。

だけど、目の前の子どもたちの日常に、同じ世界はもはやない。目には見えるけれど、山も川も田んぼも変わらずにあるのだけれど、跡形もなく消えてしまった。川遊びどころか、すべてだ。草を摘むことも、虫と戯れることも、山の鎮守への冒険も、山の恵みを食すことも……。だから、この子たちはバスに乗ってこんなに遠くまでやってきた。「川で遊ぶ」ために。

子ども時代に空気のように当たり前だったことを、私はこの子たちに残してあげることができなかった。子ども時代のすべてといっていい世界を、同じ土地で生きる小さき者たちに、残すことができなかった――。

夜の帳（とばり）に包まれた教会のホールの片隅で、私はまざまざと知った。その取り返しのつかなさを、悔しさを、どうしようもないほどの悲しさを。なぜ、そんな事態を許したのか。はっきりと思った。私だって紛れもない、この子たちへの加害者なのだと。

本書は私の故郷である福島県伊達市を舞台に描かれる。

伊達市は福島県中通りの北端に位置し、南部を飯舘村（いいたてむら）、川俣町（かわまたまち）、南西部を福島市、北部を宮城県白石市、丸森町、東部を福島県相馬市、西部を桑折町、国見町と接する。人口は約6万2000。

実は「伊達市」という呼称に、私はまだ違和感がある。伊達市は2006年1月に伊達町、保原町、梁川町、霊山町、月舘町という、伊達郡内の5町が合併してできた、新しい自治体だからだ。

ゆえに出身の梁川町ならともかく、「伊達市」と括られるエリアには馴染みではない土地もある。出生地であり3歳まで住んだ国見町の方が、母の実家があったこともあり、土地勘があるかもしれない。

伊達市は南北に長い市域で、周囲を山に囲まれた盆地にあたる平野部と、南部には山間地が広がる。阿武隈川が流れる平野部に位置する梁川町、保原町、伊達町に人口が集中し、この一帯が商工業の中心だ。東北本線、阿武隈急行など鉄道交通網もこの地域に限られる。一方、阿武隈高地の山間部に位置する霊山町や月舘町は人口密度も低く、農業や林業が産業の中心となっている。風光明媚でのどかな風景が広がるが、過疎化が進んでいるのも現状だ。

「伊達市」という名は、奥州伊達氏に由来する。伊達氏発祥の地であり、鎌倉時代には伊達氏の本城、梁川城が梁川町に築かれ、伊達政宗が初陣祈願をしたという梁川八幡神社（八幡さま）は、幼い私にはちょっと勇気を出して足を伸ばす冒険の場所だった。

一方、南北朝時代には南朝側の北畠顕家が義良親王（のちの後村上天皇）と霊山町に霊山城を構えて、北朝への拠点にするなど、中央の歴史にも顔を出す。

主な産業は農業だが、養蚕が盛んな土地だったという歴史がある。江戸時代には伊達郡一帯で養蚕が発展し、梁川は全国に知られる「蚕都」だった。

　養蚕が斜陽産業となるや、桑畑は桃やりんごなどの果樹畑へ、製糸業者はメリヤス業へと転身した。今も阿武隈急行保原駅のキャッチコピーは、「ファッションニットの町」だ。中卒で働きはじめた同級生たちは大抵、メリヤス会社に就職した。しかし今、メリヤス産業に往時の勢いはない。


　伊達市を取り上げるのは故郷であるという個人的な理由だけではなく、原発事故のさまざまな問題の「縮図」が、ここ伊達市にあると思うからだ。

「特定避難勧奨（ひなんかんしょう）地点」という言葉を、覚えている人はどれだけいるだろう。「地点」とは世帯、家のこと。家ごとに「特定」に「避難」を「勧奨」するという制度が作られ、現実に施行された自治体のひとつである。伊達市の南部、飯舘村や川俣町に接するエリアに、追加被曝線量が年間20ミリシーベルトを超える「地点」があると判断され、未だかつてなかった制度が適用された。

　隣の家は「特定」の「家＝地点」と判断され、「避難」が「勧奨」されたにもかかわらず、自分の家は避難しなくていいという結論が行政から下される。同じ集落、同じ小学校、同じ中学校に、避難していい家と避難しなくてもいい家が存在する。「勧奨」だから、避難はしてもしなくてもいい。年寄りが今まで通り自宅で農作業をしながら暮らしても、東電から毎月慰謝料が支払われる。一方、「地点」にならなかったら、子どもが何の保障もなくこの土地に括り付けられる。

伊達市に設定された特定避難勧奨地点は2011年6月30日から、2012年12月14日の「解除」通告まで、実質1年半という期間のものだ。だが、その1年半の間に、地域社会をズタズタに切り裂いたこの制度を過去のものとして終わらせていいとは、私には思えない。

伊達市は、「除染」という問題を考えるにも、重要な自治体だ。2011年夏、伊達市は「除染先進都市」として華々しいデビューをした。同年5月、伊達市長は衆議院文部科学委員会に参考人として呼ばれ、「表土除去=除染」の効果について証言を求められた。さらに14年2月にはオーストリア・ウィーンにある国際原子力機関（IAEA）本部に招かれ、伊達市の取り組みを報告、同市の除染担当職員も各地で講演を行い、一部から「除染の神様」と呼ばれるまでとなった。

この「除染先進都市」は、市内を汚染の度合いによってA、B、Cの三つのエリアに区分、エリアごとに異なる除染を行うという、他の市町村にはないオリジナルな「考え」にもとづいた除染方法をとった自治体でもある。ここには現・原子力規制委員会委員長、田中俊一の強い影響力が働いている。田中は事故後いち早く、伊達市の放射能アドバイザーに就任、除染を主導した。

近隣に先駆けて除染に取り組んだ伊達市だが、未だ市内の7割を占める地域では全面的な除染が行われていない。それが、汚染が低いとされるCエリアだ。伊達市は「必要がない」という理由で「全面除染」を行わずに、線量が高い部分だけを除去する「ホットスポット除染」に徹している。

伊達市より「遅れて」ではあっても近隣自治体は、居住地への全戸全面除染を行っているというのに、住民の生活圏である宅地を放射性物質が降り注いだ「そのままに」しているのは例を見ないと言えるだろう。

それどころか、この「除染先進都市」は今、除染に過度の期待を抱かせたことを「反省」する。田中の後任のアドバイザーは「無駄な除染は全国の納税者、電気料金負担者に申し訳ない」と公言している。私はギリギリ納税者のひとりとして、そんなことは微塵も思わない。限りなく、被曝の危険性を取り除いて欲しいと願うだけだ。住民は被害者であり、ばら撒かれた放射性物質を受け入れろと言われる所以は全くないし、あってはならない。

また伊達市は、全世界で初めてとなる壮大な実験を行った自治体でもある。個人線量計(ガラスバッジ)を約5万3000人もの全市民に1年間装着させ、実測値を得たのだ。この貴重なデータは今後、原子力国際機関はじめいろいろなところで活用されていくだろう。おそらく、被曝管理基準を緩和するためのものとして。

伊達市に注目していくことは、ひとたび原発事故が起きれば私たち一般市民がどのような事態を甘受させられるのか、何が起きるのか、その具体例を疑似体験していただくことに他ならない。それは決して、他人事ではないのだと思うのだ。

本書につながる取材を開始したのは、2011年8月だった。中学の同級生のつてを辿(たど)って、伊達市で子どもを育てている女性たちに話を聞いて歩いた。それは恥ずかしながら私自身、故郷と向き合った初めての経験となった。私はこの土地で「子ども」として生き、育んでもらえたが、大学進学のために18歳で故郷を出て以来、「大人」として地域のために何か関わった経験はない。もちろん、何度も帰省はしている。でも、それはただの「お客さん」だ。

こんな自分が故郷を書くことなどできるのだろうか。あまりにおこがましく、何度自問自答し、逡巡したことだろう。私自身、「郷土愛」に溢（あふ）れている人間では決してない。それでも書かなければいけないと思ったのは、紛れもなく私はあの土地のあの言葉で育ったのであり、あの風土が身体を形作ってくれたと思うからだ。

原発事故以来、なぜかわからないが身体が軋（きし）み、胸が締めつけられ、涙が流れている時がある。なぜ、そんな感情が押し寄せてくるのかはわからない。だけどもしかしたらそこに、私が「書く理由」があるのかもしれない。

かつてこの土地も全国の他の地域と変わることなく、過疎化は進行していたものの、澄んだ空のもと、人はごく普通に生きていた。お天道様の陽を浴びて大きく息を吸い込んで。

しかし放射性物質が降り注いだ以上、「以前」と同じ生活はあり得ない。いくら除染をしても、元の土地に戻らないことは誰もが知っている。ならば放射能から目をそらし、「折り合い」をつけることでしか、ここでは生きていけないのだろうか。

原発事故からもうすぐ6年、今、放射能を気にすること自体が後ろめたいことになっている。専門家たちが、被曝より生活習慣病の危険を指摘する今、もはや世は放射能汚染、被曝の危険性を「ない」ものにしたいのだろう。東京オリンピックのために。

このような風潮に押しつぶされそうになる「今」だからこそ、私は被曝の危険から目をそらさず、事実と向き合い、身を挺して子どもの前に立ち続ける親たちの姿を見つめたい。放射能を受け入れるという「折り合い」がつけられない親たちの姿を。

とりわけ伊達市は早くから、市長自ら「心の除染」を謳ってきた。実際に放射性物質を取り除くことより、放射能汚染や被曝を心配する心や気持ち——そんな「根拠のない」感情をこそ、除染すべきであると。

ゆえに本書のタイトルは、この伊達市長の名言からいただいた。

子どもを守るという、たった一点の曇りなき思いに支えられた営み、その思いすらを「除染」しようとする伊達市で、親たちはこの6年、どのような歩みを続けてきたのか、そして今後をどう思うのか——。それを本書で伝えるのが、私の使命だ。

強く思う。自分もまた親であり、守るべきものを持つ大人として、私はその人たちのそばに立ちたい。この地で育んでもらえた、ひとりの人間の責任として。

何より、原発を放置してきた大人として、幼きものへの「加害者」であることを自覚した今こそ。

「心の除染」という虚構

除染先進都市はなぜ除染をやめたのか

目次

福島県
国見町
桑折町
伊達市
福島市
新地町
相馬市
飯舘村
川俣町
南相馬市
二本松市
大玉村
本宮市
葛尾村
浪江町
双葉町
福島第一
原子力発電所
田村市
郡山市
三春町
大熊町
富岡町
川内村
福島第二
原子力発電所
楢葉町
須賀川市
小野町
鏡石町
玉川村
平田村
広野町
矢吹町
中島村
石川町
白河市
浅川町
古殿町
いわき市
棚倉町
鮫川村
塙町
矢祭町
0
50km

伊達市

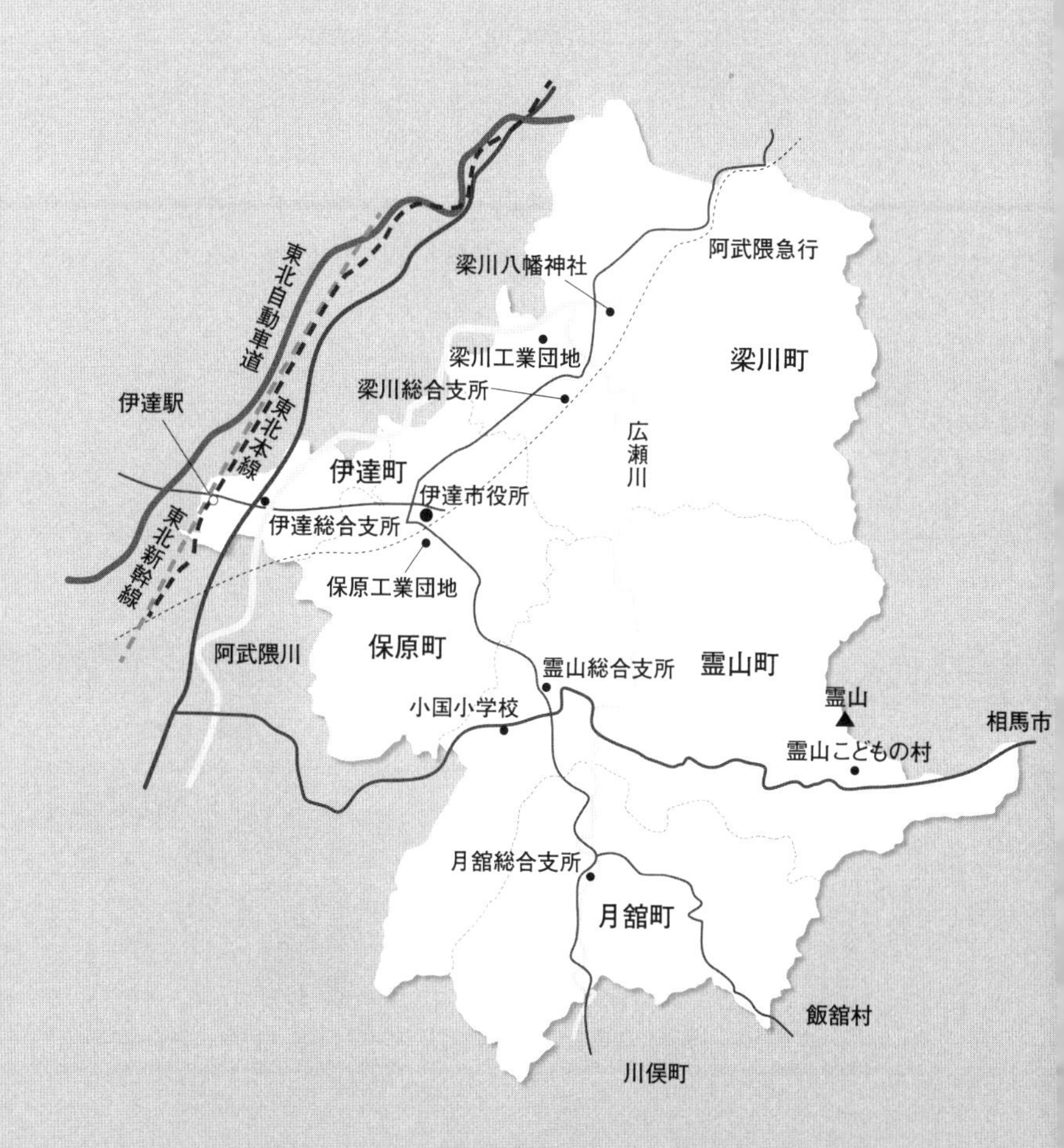

東北自動車道
東北本線
東北新幹線
伊達駅
伊達町
伊達総合支所
伊達市役所
梁川八幡神社
梁川工業団地
梁川総合支所
阿武隈急行
梁川町
広瀬川
保原工業団地
保原町
阿武隈川
霊山総合支所
霊山町
霊山
相馬市
小国小学校
霊山こどもの村
月舘総合支所
月舘町
飯舘村
川俣町

伊達市一斉放射線量測定マップより
（平成24年3月23日～25日実施）

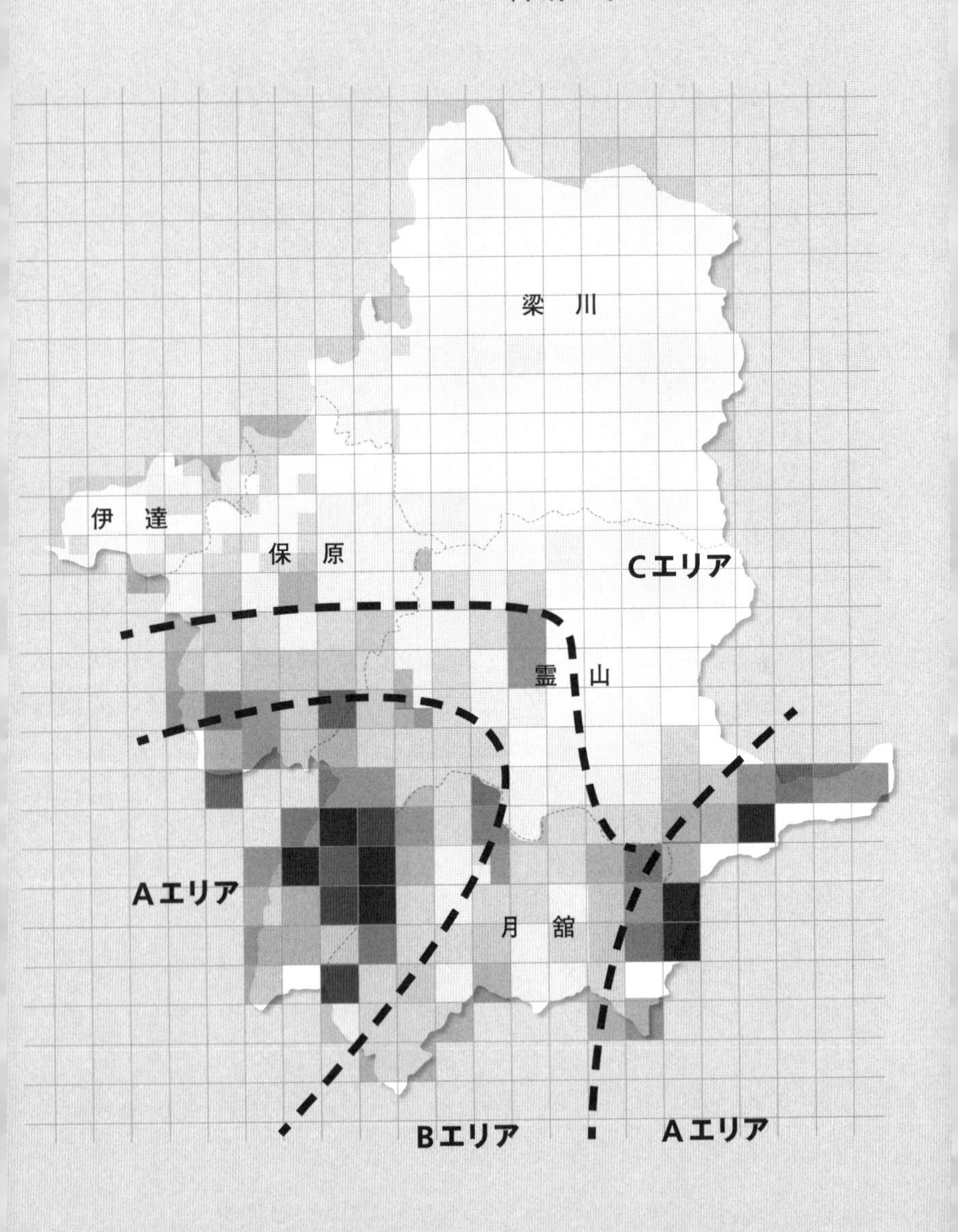

序章

2011年3月11日。すべては、この日から始まった。

この日、伊達市の空は気持ちよく晴れわたっていたという。冬場は、どんよりと陰鬱な雲が立ち込めるこの地。青空が少し垣間見られただけで、春の鼓動を感じて心が浮き立った日を思い出す。

春の訪れをそろそろ期待していいかもしれない、そんな季節を迎えていた。

午後2時46分、震度6弱という激震が伊達市を襲った。

(1)

伊達市のなかでも霊山町は阿武隈山系に位置する山あいの町だが、中心地からさらに南西へ下る山に囲まれた土地に、「小国（おぐに）」という集落がある。

福島市と川俣町に接するこの小さな山里はのちに、「特定避難勧奨地点」が設定され、全国的に注目されることになるのだが、普段は人里離れた静かな土地だ。

周囲を標高200~300メートルの山々に囲まれ、川沿いのわずかな低地に田畑が開かれ、農業や林業を主な生計手段として人々は暮らしてきた。

集落の歴史は古く、伊達政宗に仕えた地侍を先祖にもつという、26代以上続く農家もある。

かつて養蚕で栄えた時期もあったが、今は過疎化が進むばかりだ。

村の成り立ちを見ると、明治の町村制施行時に下小国（しもおぐに）村、上小国（かみおぐに）村、大波（おおなみ）村の三つが合併して「小国村」となり、戦後は昭和30年に誕生した霊山町に編入され、小国村は廃村となった。

この時、大波村だけは隣の福島市に編入され、小国と袂（たもと）を別つ。

郷土の誇りは、第1回帝国議会に福島1区から選出された、佐藤忠望（ちゅうぼう）（1852~1904）だ。この先覚者の最大の功績は、明治31年、小国に「上小国信用組合」という、日本最初の農業協同組合を設立したことにある。それほど小国が貧しかった現れでもあるが、佐藤は協同金融事業を興すことで、零細農家の窮乏を救おうとした。

上小国にある公民館「小国ふれあいセンター」には農協発祥地の記念碑が立ち、県道51号を走れば、「農業協同組合発祥の地」という看板が目に飛び込んでくる。

地区の人口は、「上小国」と「下小国」の両方を合わせても1300ほど。

中心部は、小学校や商店もある下小国地区で、ここには福島と相馬を結ぶ幹線道路、国道115号線も通っている。

小国唯一の小学校「小国小学校」は、全校生徒が50人ほど。かつては上小国にも小学校があったが統合されて久しく、子どもの数は減る一方だ。

早瀬道子（仮名、当時39歳）は、この下小国で暮らしていた。

「早瀬家」は夫の和彦（仮名、当時41歳）と夫の母、子ども3人の6人家族だ。

先祖代々、小国の住民なのではなく、この土地を選んで移り住んできた「新住民」だ。霊山町中心部に住んでいた夫妻は、自然の中で子どもを育てたいという強い思いがあり、2人目の子どもの誕生を前に、田舎暮らしを実現しようと下小国に中古の家を買って、夫の母を呼び寄せ、3世代の暮らしが始まった。周囲には牧草地や沼もあり、夫妻が望んだ理想的な環境だった。


小国の地で子どもが2人生まれ、犬や猫も家族となり、夕方には家族みんなで犬を連れて散歩をするのが日課で、その折々に採った山菜やキノコが食卓にのぼるという、「理想の暮らし」が始まって4年を迎えたところだった。


この日、道子は6時半に起きた。

「金曜日は、玲奈と駿の弁当がある日だから」

幼稚園年少の長女・玲奈（仮名、当時5歳）と、「未満児クラス」の次男・駿（仮名、当時4歳）の弁当を作り、朝食の用意をして、子どもたちを起こす。朝食を食べさせ、歯磨きと着替えをさせて幼稚園バスに乗せるという、いつも通りの慌ただしい朝を迎えていた。

自営で建設業を営む夫・和彦は朝食もそこそこに現場へと向かう。幼稚園バスが迎えにくるのは、7時40分。小国小学校1年の長男・龍哉（仮名、当時7歳）は、それより20分前には家を出る。畑や田んぼの畦道を通って、学校まで歩くこと20分から30分。

子どもを送り出すと、道子はいつも通り8時前には家を出た。保育士である道子の職場は、伊達市保原町郊外にある山あいの幼稚園で、小学校の敷地内にあった。

「この日は午前中は修了式の練習をして、午後は年長児のお母さんたちが、私たちに謝恩会を開いてくれる日だった」

年度末らしい行事が、ちょこちょこ入ってくる時期だった。

「謝恩会が終わったのが1時半、みんなが帰って落ち着いたのが2時過ぎ。2時半から職員会議が始まって、コーヒーを飲みながら、話し合っていた時でした」

突然、突き上げるような縦揺れを感じたと思ったら、あっという間にぐらんぐらんと建物が揺れ出した。机の上に置いたコーヒーカップが四方八方に飛び散り、壁や床にあたってびしゃーん、びしゃーんとすさまじい音を立てて割れる。

「先生たちはみんな一斉に、職員室の外に出た。子どもは預かり保育の子たちだけで、ちょうどお昼寝中でした。床暖が効いているのでパンツとシャツで寝かせていて、その子たちを毛布で包んで抱っこして外に出た。園庭の真ん中にみんなで集まって、手をつないで……。つないでいる先生たちの手が震えていた」

隣の小学校のプールでは、ばしゃーん、ばしゃーんと水がうねり、巨大な怪物が泳いでいるような音を立てる。

晴れていたはずなのに、みぞれが降ってきた。地鳴りなのか山鳴りなのか、大地が不気味な音を立て、みぞれはやがて大粒のおびただしいぼたん雪となり、横殴りに荒れ狂い、容赦なく頬を打つ。

大人に抱っこされた子どもが泣き続ける。

「先生、こわいよー、こわいよー」

携帯の地震速報が鳴るたびに、恐怖が走る。こちらが不安になれば、余計に子どもが不安になる。わかっているけれど、大人にとってもこんな天変地異は初めてだ。

道子は精一杯、園児に声をかけた。

「大丈夫だよ、大丈夫だから」

自分自身にもそう言い聞かせていた。

「抱っこしている子どもに『大丈夫だから』って言いながら、先生たちの握る手の強さがものすごかった。そうやって、『生きてるね』って確認するっていうか……」

園児の母たちから、園に電話が入る。そっちへ向かっているけれど、道路が割れて迎えに行けない、信号が落っこちてどうしようもない……。

「子どもを抱っこしながら、私、すごく複雑だった。この子たちを守らなきゃいけない義務があるのに、自分の子どものことを考えていた。大丈夫かって。あとから思うと、だから私、真の保育者ではないんです」

居ても立ってもいられず、家にいる義母に電話をした。

「子どもら、大丈夫？」

「大丈夫だ。さっき幼稚園のバスがきて、玲奈と駿は今、家の外にいっから。龍哉くんも帰ってきたがら」

この日、小学校の下校時刻は2時半だった。地震発生と同時に教師たちは下校中の子どものところに走って追いつき、道路に手をついて座るように指示をした。その後、一人ひとりを家まで送り届けたという。全校生徒50人あまりの、小さな小学校だから可能だった。そうやって龍哉は無事に帰宅した。

道子は胸をなでおろし、園児たちのお迎えを待った。近所に住んでいる祖父母が歩いて迎えにきた。これでようやく、肩の荷が降りた。

道子が帰宅したのは、3時半。子どもたち3人がわんわん泣きながら、しがみついてきた。この日はずっと揺れ続けた。揺れるたびに子どもは泣き喚いた。

割れて飛び散ったガラスを掃除し散乱する物を片付け、とにかく、寝る場所だけは確保し家族全員こたつがある部屋で寝ることに決めた。着の身着のままで、いつ何があっても大丈夫なように車を玄関に付けて、車の中に全員の靴を入れた。

道子は明るく、子どもたちに言った。

「こういう時はどうなっかわがんねがら、とにかく食べっぺ。そしてそのまま寝るよ」

水道が止まったのは翌朝だったため、この時点で水に困ることはなく、いつものようにご飯を炊いておにぎりをにぎった。泣き疲れた子どもたちは眠りに就いた。

子どもが寝たことでほっとしたものの、自分はどうしても眠れない。大地は一晩中、揺れ続けた。酒好きの夫がこの日、一滴も飲まなかったことを道子は覚えている。

霊山町は電気が止まることはなく、テレビで情報を得ることはできた。道子はずっと津波の映像を眺めていた。一体、何が起きているのか、まだ現実のことだとは思えないままに……。

翌日は土曜日で、仕事は休みだ。

「これからどうなるかわからないから、朝9時にガソリンを入れに行こうとなって、お父さんと子どもたちと車でスタンドに行って、何台か並んでいたけど、この日は入れられた。これがよかったの。その足で誰も住んでいない梁川の実家の様子を見に行って、こっちも物が散乱してものすごいことになっていた」

道子は、私と同じ伊達市梁川町の生まれだ。ただし保原町と隣接する堰本（せきもと）地域という、梁川でも南部のエリアで、梁川中心部で育った私と小学校は違うが、中学は同じ梁川中学校に通った。道子の実母は兄が住む横浜に身を寄せ、実家は無人になっていた。

12日、午後3時36分、福島第一原発1号機が水素爆発。

この爆発をリアルタイムで、道子はテレビのニュースで知った。瞬間、ふっと亡父の言葉が蘇った。幼い道子に、父はずっと言っていた。

「福島県は原発がある県だから、もし原発が爆発したら、車に乗ってみんなで遠くに逃げるぞ。逃げないとダメだからな」

テレビで言っているニュースは、父が言っていた「逃げる」という事態に当たるのか、道子には何が何だかわからない。ニュース画面を見つめながら、道子は夫に言い続けた。

「逃げなくていいの？　逃げなくて大丈夫なの？」

午後6時25分、半径20キロ圏内に避難指示。

「10キロの避難の時はまだ大丈夫かなって思ったけど、20キロになった時、あたしはもう、だめだって思った。だって、空気を渡ってやってくるんだから」

翌13日は、「ただ、家にいた」。テレビは原発のニュースばかり。

「『直ちに影響がない』って、そればっかり。私、頭にきて、その日の夜、テレビ局にＦＡＸ

したの。『直ちに影響がないって、後から影響があるんじゃないですか』って」

14日は月曜日だが、龍哉を学校に行かせるつもりはなかった。まもなく、地震の影響で学校も幼稚園も休みになった。

午前11時１分、３号機が爆発。

15日、午前６時14分、４号機爆発。２号機で衝撃音。11時、半径20キロから30キロ圏内の住民に屋内退避指示。

放射性物質が飯舘村や伊達方面へと流れてきたのは、この爆発だった。

「子どもは絶対に外に出さなかった。窓やサッシはほとんど開けなくて、玄関を開けるのは井戸水をくむ時だけ。お風呂は無理でも、煮炊きするぐらいは、井戸水でなんとかなったから」

初めて子どもを外に出したのは17日。ドラッグストアでの食料の買い出しと、入浴施設へ行くことにしたからだ。水道が止まってお風呂に入れないため「バケツ風呂」で対応してきたが、さすがに子どもには限界だった。だけど……と道子は唇を嚙む。

「買い物では車から出さなかったけど、お風呂。霊山町の紅彩館（こうさいかん）という、今、考えれば、一番放射能の高いところにわざわざ連れてったんだよね」

紅彩館は「霊山こどもの村」の一角にある入浴施設だ。ここ霊山町石田地区はのちに「特定避難勧奨地点」に指定されるほど、線量が高い場所だった。

しばらく後になって道子は、「霊山こどもの村」で働いていた知り合いからこんな話を聞いた。

「たまたま線量計があって測ったら、30、40と上がって１００（マイクロシーベルト／時）近くまでなったって。15日の夕方から特に高くなったって。どんどん上がるから伊達市に報告したけれど、何も動きがなかった」

15日の夕方は、福島第一原発から北西方向に放射性物質が風に乗って運ばれた時だ。その放射性プルームは飯舘村上空の雨雲で降下、沈着した。飯舘村に隣接する伊達市霊山町や月舘町一帯にも、この時に放射性物質が降り注いだ。

この時期、後に飯舘村同様、計画的避難区域とされた川俣町山木屋（やまきや）地区でも3桁の数値が観測されたという「噂」がある。霊山町石田地区でも3桁という数値が検出されたという話もあった。もちろん、正式な記録として残っているわけではない。

道子は言う。

「その頃はそんなこと、わかんないから。とにかく、子どもを風呂に入れようと連れて行った。飯坂温泉に電話をしたら、浜通りからの避難者でいっぱいだというし、入れるお風呂はそこしかなかったから。テレビで言っていたから、子どもにはつるつるのジャンパーを着せて、マスクをさせて、車をお風呂の玄関に横付けして、『降りろー、走れー』って」

この時期は、ガソリン不足が深刻化していた。列に並び、練炭で亡くなる人も続出したことを道子は記憶する。

「知り合いからタンクローリーが来るかもしれないって情報が入って並んだけど、ものすごい行列で全然進まなくて、結局、ガソリンを減らすよりいいかって帰ってきた」

23日、横浜に住む兄から連絡が入った。

「海外のスピーディー（ＳＰＥＤＤＩ）をネットで見たら、そっちに飛んでいる。すぐに逃げろ」

　夫は新潟出張のため、しばらく家にいない。

「別の親戚からも、逃げろって連絡が入った。栃木まで迎えに行くからと。でも高速も止まっていて、ガソリンも十分にあるわけでもなく、そんな状態で飛び出してガス欠になったらどうすんの？　子どもがいるのに。お父さんが新潟でガソリンを買ってくると言っていたから、それまでは辛抱しようと……」

　夫が新潟から戻った翌日の31日、一家は横浜へ向かった。夫は妻子を送り届けて小国に戻ったが、道子たちはしばらく横浜で過ごすことにした。子どもたちが外で遊ぶ姿を見たのは、久しぶりのことだった。

　放射能の心配のないところで、しばらくのびのび過ごさせたい。しかし、この願いは叶わなかった。まさか、この状態で通常通りに新年度が始まるとは思えない。しかし伊達市教育委員会に問い合わせたところ、担当者は事もなげに言った。

「もう、大丈夫ですから。何でもないですから、入学式も入園式も普通に行います」

　4月3日、迎えに来た夫の車で一家は小国に戻った。入園式で道子は司会役をすることが決まっており、幼稚園を休むわけにはいかなかった。

「帰りの道中、福島県に入ったのに、子どもたちは横浜のノリで、地べたに寝そべったり座ったりごろごろするの。それがすごく嫌で、『やめて、やめて』って私、何度も言って……」

　道子が出勤した4日と5日、子どもたちは義母の目を盗んで外で遊んだ。「横浜のノリ」そのままに。

玲奈が鼻血を出したのは、翌朝のことだ。これまで鼻血など出したことがない子なのに、それも布団を真っ赤に染めるほどのおびただしい量だった。

「だんなは、『鼻、引っ掻(か)いたんだべ』って軽く言うんだけど、私には到底そうは思えなかった。引っ掻いたぐらいじゃ出ない、とんでもない量だったから」

4月5日、幼稚園は予定通り、入園式を行った。その時、同僚の教諭と抱き合って道子は泣いた。入園式に集う園児たちの姿が不憫でならない。

「こんなに大変なことが起きてんのに……。この子たち、絶対に、ここに来てる場合じゃないのに。あんたたち、ここに来てていいのー？　でも、来るしかないんだよねー」

無邪気な園児の笑顔が胸をかきむしる。本当にこのまま、「何事もなかった」ような日々を過ごしていいのだろうか。園児たちのあどけなさに嗚咽が漏れた。

そうであっても道子はまさか、今、この時にわが家やその周囲が、住んではいけないほどの放射線量を記録しているとは思いもしなかった。

（2）

２０１１年3月11日、この日の午前中、伊達市内の中学校では卒業式が行われた。

霊山町上小国に住む高橋佐枝子（仮名、当時51歳）は、霊山中学校で行われた長女・彩(あや)（仮名、当時15歳）の卒業式に出席した。

上小国は、道子が住む下小国より南方に位置する山あいの地域だ。山裾(すそ)にぽつんぽつんと点在する大きな屋敷が目を引くが、天井が高いこれらの家々は、かつての養蚕農家だという。養蚕で栄えた歴史をもつこの地域は、山あいの狭い土地に張り付くように田んぼや畑が開かれ、小規模な酪農農家も数件ある。

ほとんどの住民が一戸建てに住み、174世帯（平成22年調査）のうち、持ち家に172世帯、借家に2世帯が住む。下小国では長屋やアパートなどの共同住宅に5世帯が住むが（239世帯のうち）、上小国では共同住宅は皆無。先祖代々受け継がれている家と土地で、日々の暮らしが営まれている証だった。

この日、卒業式を終えた彩は友人たちと福島市内へ打ち上げをするためにバスで出かけて行った。小国から福島駅周辺まではバスで約20分、伊達市中心部の保原へ行くのと変わらないとなれば、福島の方が魅力的だ。

梁川出身者の私にすれば、バスしか交通網がなかった頃には、福島市内は片道1時間は覚悟する遠方の地。中学生の打ち上げで行ける場所では到底なかった。霊山や小国は阿武隈山地へ吸い込まれていく「辺境」というイメージがあるが、その背後に福島市があり、福島への便がいいというのが、小国という土地を知った時の驚きだった。

佐枝子が地震に遭遇したのは、老人ホームに義母の洗濯物を取りに行った時のことだった。普段は家で佐枝子が介護をしているが、この日は卒業式に出るため、老人ホームを短期ステイで利用していた。

義母の部屋に着いた時、どーんと下から突き上げるような激しい揺れが起きた。

「ものすごい縦揺れの後に、今度は横揺れが来て、ガタガタととんでもなく揺れて……。長かったね。慌てて、ばあちゃんを連れて外に出たの」

義母の手を握って施設の外に出た後、高校の春休みで家にいる長男の直樹（仮名、当時17歳）に電話をした。直樹は母屋に住む義父の無事を確認してくれていた。家も大丈夫だと言う。

その頃、ホームでは入居者たちが次々と外に出され、広場に集められた。毛布をかぶっている老人たちが「寒い」と口々にうめく。気がつけば、雪が激しく降っていた。

次男の優斗（仮名、当時12歳）は小学6年生、まだ小国小にいる時間だ。ならば、優斗は安全だ。佐枝子にとって心配なのは、福島市内にいる彩だった。何度かけても携帯がつながらない。ようやくつながった電話の向こうで、彩は怯えていた。

「陸橋を渡ってる時に、ちょうど地震に遭ったの。ものすごく揺れて、すごく怖かった。今、友だちと一緒に駅にいる」

「わがった。迎えに行ぐがら」

その1回の通話だけで、二度と携帯はつながらない。車を発進させてすぐ、佐枝子はとんでもない事態になっていることを知る。

「福島の駅まで、行げんだべが……」

信号は全部消えている。なのに、大きな交差点でも誘導する警官は1人もいない。電信柱が倒れて、ブロック塀は崩れ、走っている最中に何度も余震が来る。

「まだ、明るかったからいいけど、真っ暗だったら、福島まで行けたかどうか……」

必死で目を凝らし、ハンドルを握った。後になって思うのは、この時にガソリンを入れておけばよかったということだ。

ごったがえす福島駅西口で彩と友人を見つけ、友人を家まで送り届け、無事に自宅に戻った。

優斗は友だちの母親が、車で送ってきてくれた。国見町に勤務している夫・徹郎（仮名、当時51歳）は、阿武隈川にかかる橋がことごとく通行止めとなり、梁川橋だけが通れることがわかって、崩れた道路を回避しながら、ようやく帰宅。家族全員が無事に揃った。

小国はライフラインに問題はなかった。電気とガスに異常はなく、昔ながら井戸水での生活が営まれているので、水についても一向に問題はなかった。

佐枝子は、私の梁川中学校の同級生だ。在学当時は面識がなく、幼なじみであり同級生の河野直子（仮名、当時51歳）から原発事故取材のために紹介してもらった仲だ。

正直、中学の同級生が水道も通っていない山奥で暮らしていることが驚きだった。そもそも梁川で暮らしていた子ども時代から、水道がない生活などあり得ない。しかも佐枝子は嫁として義父母の介護をしながら、3人の子育てをしている。自分とかけ離れた「その後」の人生を見て、私には到底、真似できないとつくづく思う。もっとも、伊達市内で暮らす幼なじみの直子であっても、「私も、あんな山奥で暮らすのは、絶対に無理だよ」ときっぱりと言う。確かに、それほどの実感を抱く場所だった。日中はまだしも、とっぷり日が暮れたこの地を想像しただけで、尻込みするような思いにかられる。

高橋家は田んぼと畑をもつ兼業農家なので、米は十分にあった。ライフラインに何ら支障はないわけだから、あの日、夜は普通にごはんを食べたはずだと佐枝子は言う。しかしこの日の記憶が定かではない。

　テレビはずっとつけっぱなしにしておいた。しかし、佐枝子の記憶に津波の映像は一つも入っていない。この日に何が起きたのか、佐枝子は何もわかっていなかった。

「覚えているのは、テレビに変な絵だけ、同じのが繰り返し流れていたこと。にこにこにっこり、ぽこぽこぽーんばっかり。震源地がどこかもわかんない。なんだか、何も覚えていない。地震が止まんないし、パニックだったのかも」

　着の身着のまま、この日は寝た。

「夜中でもずっと揺れ続けるものだから、まだ揺れでんの？　今は止まってんの？　ってわけがわがんね。気持ち悪くなるぐらい」

　福島第一原発1号機が爆発したのは、翌12日。もちろん佐枝子も徹郎も、テレビのニュースでそれは見ている。だが所詮、自分たちとは関係のない、遠く離れた場所での出来事だった。

「爆発したのは知ってたけど、遠いからね。山越えて、こっちまで来ないよねって感じ」

　徹郎も同じだった。

「テレビで、『大丈夫、大丈夫』って言っているし、放射能が降ってるなんて思いもしないから、俺は地震の次の日から毎日、野郎子（やろこ）（長男）連れて、自転車で買い出し。ガソリンがねえがら、車使わんにくて。食料品は、2日目から何もないから。肉とかそういうの。ここらは店、ずっとないから」

　3月15日朝、4号機が爆発。この日、第一原発付近の風向きは北西方向。この風に運ばれて、「まさか、いくつも山を越えてまで来ないべ」と、佐枝子が思っていた小国にまで、放射性物質はやってきた。

高橋家と同じ集落に住む市会議員、菅野喜明（当時34歳）には、忘れられない光景がある。

「3月16日は議会最終日だった。その日、朝10時の議会に出るために外に出たら、太陽が霞みがかっている感じで、空気がキラッキラ光っている。まるで、ダイヤモンドダストのような。空気が黄金色にキラキラ光っていて、これはなんじゃって。市役所のある保原にいくと、そんなにひどくない。空気が光っているって嫌ですね、あれはなんだろうと……。家のなかにいるのに息苦しくて、呼吸ができないんです」

この日、空気が光っていたという複数の証言もあるが、佐枝子にその記憶はない。むしろ大変だったのは、食料調達だったと振り返る。

「それでも、テレビで言ってることはやってたの。マスクつけてジャンパーを着て、着た服は家の中に入れないようにして、外で脱いで袋にいれて外に置いておく。窓は開けないで、換気扇は回さない」

しかし後に佐枝子は、この日のことを身が引きちぎられるほどに悔いるのだ。

「15日は夕方から雪になったの。16日の朝、私が雪掃きしていたら、優斗が『オレ、手伝ってやっから』って外に出てきたの。マスクもしてないし、帽子もかぶってないのに、私、優斗に雪掃きさせたんだよ。ここらが放射能が高いなんて、全然、知らないから」

16日、県立高校の合格発表が行われた。

「高校に問い合わせたら、できれば来てもらいたいって。だから彩を車に乗せて一緒に行って、入学の書類をもらって、結果を中学校に報告して帰ってきた」

彩が入学する福島市内の高校も、そして霊山中学校周辺も放射線量は決して低くはない。しかも、放射性ヨウ素が盛んに飛んでいた時期だった。

やがて、小国は線量が高いという噂がちらほら聞こえてくるようになった。高橋家のすぐ近く、旧上小国小学校跡地につくられた小国地区の公民館「小国ふれあいセンター」が高いという声が耳に入ってくるけれど、正確な数字は誰も知らない。

たまたま、同じ上小国に嫁いでいる佐枝子の姉が「小国ふれあいセンター」で働いていた。姉は爆発後のかなり早い時期から、白い防護服を着た男たちがふれあいセンターに来ているのを目撃していた。線量を測っているとわかったので、声をかけた。

「ここは、なんぼ、出てるんですか？」

いくら聞いても、数字は教えてもらえない。その人たちは毎日来た。機械の数字だけでもこっそり見ようとしたが遮(さえぎ)られ、代わりにこうささやかれた。

「もし、行くところがあるのなら、避難したほうがいいですよ」

23日、伊達市は小学校の卒業式を通常通りに行った。

伊達市が発行した『東日本大震災・原発事故　伊達市　3年の記録』で、伊達市は「見えない敵　放射能との闘い」の章を、3月23日から始めている。放射能対策の起点であり、この日からすべてが始まったというのが伊達市の理解だ。

記録は、この記述から始まる。

「国はSPEEDI(緊急時迅速放射能影響予測ネットワークシステム)により、3月12日午前6時から24日午前0時までの被ばく試算線量を初めて公表し、福島第一原発より北西方向に放射能汚染が拡大しているとした」

スピーディーの公表により、伊達市は初めて、放射能汚染と無縁ではない、むしろ汚染されているという事実を公的に知った。

なのにこの日、伊達市は小学校の卒業式を強行した。母たちがPTAを通し不安の声を寄せたが、聞き入れられることはなく。ちなみにこの年に卒業式を行ったのは、中通りの県北地域では伊達市と大玉村だけだ。

同記録には「市内各小学校の卒業式を行う」と並んで、こう記されている。

「各課1人の応援要員を出して安定ヨウ素剤の袋詰め作業を始める」

小国小学校の場合、式は卒業生だけで行われた。体育館が被害に遭ったために、音楽室での式となった。佐枝子にとっては一番下の優斗の卒業式だ。直樹から始まり長年通った小国小と最後の日。「卒業式はやってほしかった」と佐枝子は参列、優斗の門出を祝った。

この時の小国小がどれほどの放射線量だったのか、今となっては誰もわからない。

「だて市政だより 災害対策号」(以下、「だて市政だより」)に小国小の線量が掲載されたのは、4月15日号(5号)が初めてだ。そこには5・78マイクロシーベルト/時という数字があった。卒業式の時点では放射性ヨウ素もあったわけだから、併せて考えれば、どれほどの高線量になっていたのだろう。伊達市はそこに小学生を呼び寄せたのだ。

4月19日に発表された、14日の文科省調査「福島県学校等空間線量及び土壌モニタリング」によれば、郡山市、福島市、本宮市、二本松市、伊達市の調査対象校で最も空間線量が高いのが小国小学校だった。校舎外平均1メートルの高さで5・2マイクロシーベルト、50センチで5・6マイクロシーベルト。2番目に高いのが同じ伊達市保原町にある、富成小学校。1メートルで4・6マイクロシーベルト、50センチで5・0マイクロシーベルト（すべて毎時）。富成地区ものちに「特定避難勧奨地点」が設定された場所だ。

ちなみに原発事故前の福島県の空間線量は、0・035〜0・046マイクロシーベルト／時（平成22年度『原子力発電所周辺放射能測定結果報告書』）。

佐枝子は振り返る。

「あの頃からだよ。喉がずっとイガイガしてんの。それはみんな、言ってた。子どももずっとそうだった。マスクして寝てるのに、イガイガするの。鼻の中は今も、変。鼻汁はかんでも出ないし、鼻くそがたまる。とってもとってもすぐたまる。粘膜が変なのが、ずっと続いている」

市議・菅野喜明がいろいろ手を尽くして、ようやく小国地区の線量を測ることができたのは福島民報の小国小に関する報道に先立つ、3月29日のことだった。

小国ふれあいセンターで、7・24マイクロシーベルト／時。

同日、飯舘村役場が8・61マイクロシーベルト／時。飯舘村とそう変わらない数字だった。

伊達市が広報誌で市内各地の放射線量を公表したのは、4月5日号（「だて市政だより」3号）からだ。小国ふれあいセンターは、2・96マイクロシーベルト／時（4月3日測定値）。「だて市政だより」4号（4月8日発行）では、3・89マイクロシーベルト。以降、高くても4・40（4月9日測定値）などの値となっている。

菅野は早口で一気に話す。

「最初の7・24マイクロシーベルトは嘘ではないと思う。これがなぜ、一気に下がったのか。あまりにも半減期が早すぎる。ふれあいセンターのどこを測ったのか。行政が対応を始めたことによって、隠蔽というより、下げたのだと思う。あくまで推測ですが」

菅野は3月31日に、県庁にあった原子力災害現地対策本部・オフサイトセンター（緊急事態応急対策拠点施設）へ行き、原子力安全課防災環境対策室の室長に訴えた。2日前の数字が菅野を駆り立てる。知らぬ間に怒鳴り声になっていた。

「小国の線量が相当高い。高いところがあるのだから、ちゃんと測ってくれませんか。とにかく小国にきて、ちゃんと測ってください。小国にも避難とか、あるんじゃないですか」

室長の答えは淡々としたものだった。

「今、点的の調査をしている。面的調査の時にはやりますよ」

菅野はその足で、米の作付け制限を検討している県の農林水産課に出向いた。

「小国の土壌調査をしてほしい。耕運する前にとにかく、土壌調査だ」

菅野は言う。

「当時、ある程度、勉強したんです。チェルノブイリでは汚染土壌は剝がしたという。小国が飯舘村並みの汚染なら、作付けが始まると土が混ざってしまう。この時期なら1センチか2センチ、表土除去をすればいい。混ぜちゃうときれいな田んぼや畑で農業ができなくなる。だからなんとしても土壌調査をして、作付けを止めたかった。県の答えは市と協議してやるということでしたが、結局、やってもらえずに、土壌調査は月舘町だけで行われた」

「だて市政だより」4号にはこうある。

「4月6日、県より土壌調査の結果が発表されました。市内では月舘地域以外について作付自粛が解除されました。今まで控えていた田畑の耕うん作業や植付け作業を、計画的に進めてください」

菅野は、「文部科学省及び米国DOEによる航空機モニタリングの結果」（80キロ圏内のセシウム134、137の地表面への蓄積量の合計）という、蓄積量により色分けされた図を見せてくれた。これは次章で詳述する、小国地区の「特定避難勧奨地点」設定において大きな示唆を与えるものとなるのだが、4月29日段階では、小国地区は飯舘村や飯舘村と接する伊達市月舘町、南相馬市の一角と同じ、「黄色」に塗られている。小国はまるで、「黄色」の飛び地。

「黄色」が示す値は、以下のものになる。

100万〜300万ベクレル／㎡。

菅野は諦め口調で振り返る。

「あの時の作付け制限の基準は、土壌1キロあたり5000ベクレル。小国の値はケタが違う。測りもしないで1平方メートル当たり300万ベクレルある土地を耕して米を作ったから、小国では秋、基準値超えの500ベクレルどころか、800ベクレルを超える米がばんばんできた。なかには1000ベクレル超えもあった」

菅野は自嘲気味に言う。

「多分、アメリカの調査で県はわかっていたと思いますよ。高線量の飛び地が小国にあると。結局、6月の勧奨地点設定まで何もしなかった」

（3）

まさか数ヶ月後に、自分がいくつものテレビカメラの前に立つことになろうとは、椎名敦子（仮名、当時38歳）には思いもしないことだった。

霊山町下小国で自営業を営む家に嫁いで12年、福島市内で生まれ育った敦子にとって、小国は「お嫁に来なかったら、わざわざ行く場所ではない」土地だった。

2人目の子どもが生まれて同居を始めた時には、曽祖父に曽祖母、祖父母、義妹、夫婦に子ども2人という大家族だった。

「外を歩いていると、みんな、あたしを知っているの。あたしは誰も知らないのに。『あなた、椎名さんとこのお嫁さんでしょう』って声かけられる。最初は緊張しました。それだけ、地域の力が強い土地です」

自宅は国道115号に面し、同じ小国でも早瀬道子や、まして上小国の高橋佐枝子が住む山あいと違って、近所に商店もある小国の中心部に位置する。ここで代々、自営業を営んできた。

その日、小国小5年の長男・一希（かずき）（仮名、当時11歳）と2年の長女・莉央（りお）（仮名、当時8歳）は学校へ、夫の亨（とおる）（仮名、当時38歳）はお客のところへ。敦子は自宅にある事務所で、事務作業を行っていた。

「携帯の地震速報が鳴ったから、事務所の隣の茶の間にいるひいばあちゃんに、『ひいばあちゃーん、地震、来るってよー』って声かけたら、すぐに揺れだした」

今まで知っている地震と大違いだった。曽祖母は94歳、敦子はすぐに駆け寄った。

「ひいばあちゃんの手を握って、倒れそうなテレビを押さえていた。終わったと思ったら、またすぐにグラグラ揺れだして、私、その時初めて、家が壊れるのかなって思った。ものすごい恐怖を感じて、ただただ、いつ止まるんだろうって思ってた。びっくりするほど長い揺れで、ひいばあちゃんとテレビとつながっている状態で、もう動けなかった」

一旦揺れが収まった後、敦子は犬を抱いて外に出た。

「外に出て、家の前に呆然と立っていた。私、家が揺れる音を初めて聞きました。増築した部分が、がしゃん、がしゃんと離れては戻る。ああ、壊れると思ってすごく怖かった」

長男の一希は教師が付き添って徒歩で帰宅し、長女の莉央は同級生の母親が車で連れてきてくれた。小国小まで車で5分の距離だが、子どもの足では30分はかかる。

子どもと一緒に家の中に入って、テレビをつけた。画面には、見たこともない光景が広がっていた。

「仙台空港の津波の映像にびっくりして、これが実際起きているのかと信じられなかった。津波で流された人たちを思えば、私たちは幸せだって思いました。家もあるし、家族もいる。私たちはずっといいって」

地鳴りというものを初めて聞いた。ゴゴゴゴゴーと地を這ってくるような、不気味な音が一晩中、地の奥底から響いてきた。

携帯からは幾度も地震速報が鳴り響く。そのたびに恐怖が走り、テレビをつければ全チャンネルが、「ぽぽぽぽぽん」の「へんな絵」（公共広告機構のＣＭ）ばかり。そして繰り返される津波のニュース。

「あの夜、気持ち悪いほどの閉塞感を感じました。新幹線も在来線も高速道路も止まってしまって、ああ、私たち、福島から出られないんだなって思いました。ニュース以外のテレビをやってないっていうのも、子どもには非現実なものを見せてあげたいのに、そういう自由もなくて、息が詰まりそうな、なんとも言えない圧迫感がありました」

夫の亨はこの日の夜から、福島第一原発の状況をネットで逐一追っていた。しかし、敦子にとってその時には、津波が最大の関心事だった。

「主人は原発が危ないとか言うけど、そんな話、全然、本気で聞いていなかった。絶対、ここまで来ないでしょう、放射能なんてって。うちは幸せだからいいじゃん。家もあるし、家族も無事だし。それより、名取で何百もの遺体があがったってどういうことだろう、何が起きたんだろうって恐怖でした。しょっちゅう、遊びに行っていたところだし、そっちの恐怖の方が大きかった」

翌日ももちろん、原発のニュースばかり。枝野官房長官が、「直ちに健康に影響がない」と繰り返すのを、敦子は他人事のように眺めていた。

ここでふと、言葉を置いて敦子は言う。

「あれ？　あたし、本当に心配するようになったのはいつからだったんだろう」

事故後1年弱、鬱（うつ）になるぐらい、心配でたまらなかった。見えないけれど、ここにもあそこにも放射能があって、どうやって子どもを守ればいいのかって日夜、押しつぶされそうな日々だった。出口のないトンネルに一夜にして押し込まれたような毎日を、ほどなく敦子は過ごすことになる。

強烈に覚えているのは、長男の一希が泣き喚いたことだった。

「1号機だったか、爆発の映像をテレビで見たとき、一希が『この世の終わりだー！』って泣いたんですよ。そんなこと、誰も教えていないのに。だって私たち、原発は安心で安全なエネルギーって教わってきたんだから」

泣き叫ぶ長男を、「大丈夫だよ、ここまで来ないからね」と慰めた。敦子はふっと、自嘲気味に笑う。

「子どもの言う通りになっちゃった」

家の外に「何か」があると実感したのは、亨の知り合いがガイガーカウンターを持って来た時だ。1週間後のことだった。初めて見る機械、それがまさか、ほどなく馴染みのものになってしまうとは。

「線量を調べられる機械だって説明されて、外で電源を入れたらすぐにピーピー鳴って、地面の近いところで5とか6、１メートル上だと３、家の中だと０・１５。だから、家の中は安全なんだと言われました」

　何が危険で何が安全なのかはよくわからない。その数字が意味するものもよくわからない。ただ初めて、見えないけれど目の前に、「あっ、何かがあるんだ」ということはわかった。外と家の中の違いも。

「それからは子どもをなるべく、外に出さないようにしました。出す時はテレビで言っているように、マスクして長袖長ズボン。どこまで効果があるかはわからないけど、テレビでそう言っているのだから」

　莉央は言うことを聞いて家で過ごしていたが、一希は親の目を盗んではちょこちょこ抜け出して外へ行った。

「その年の冬の甲状腺検査で、一希はＡ２、莉央はＡ１。だから、あの時、家からちょこちょこいなくなっていたからだなって思いました」

　福島県は3月11日時点で０歳から18歳を対象に、２０１１年10月から甲状腺検査を実施した。後に詳述するが、判定はＡＢＣの３種に分けられ、ＢとＣは二次検査を行う。その必要がないＡは、さらにＡ１とＡ２に分けられ、Ａ１は結節や嚢胞（のうほう）が認められなかったもの、Ａ２は結節や嚢胞が認められたものとに分けられる。同じ家に住むきょうだいでＡ１とＡ２に分かれたのは、事故当初、外に出ていたかどうかの違いだと敦子は考えている。

　地震の後、学校は４月５日まで春休みとなった。卒業式は６年生だけで行うことになったが、敦子はＰＴＡ役員だったこともあり、「在校生もいなくてかわいそうだから」という思いで出席した。
「本当は親同士で意思の疎通をはかりたかったんです。心配している人がどれだけいるのか、お母さんたちみんながどう思っているのか、私だけが不安なのか、知りたかった。でもそれを口に出すのは難しかった」

その頃から、「数字」が日常生活にちらほら現われるようになった。
「だて市政だより　災害対策号」の1号が発行されたのは3月21日だ。そこで市長は「20キロメートル以上離れた地域の住民が放射線による健康被害を受けることはない」と市民に「安全だ」というメッセージを送った。

だが同号で記されていた、保原町にある伊達市本庁舎敷地内の放射線量は、このような値を示していた。

3月17日　7・35マイクロシーベルト／時
3月18日　7・55マイクロシーベルト／時

小国よりずっと線量が低いとされる保原町でさえ、これほどの高線量を記録していた。とはいえ、こうした数字がポンと投げ出されても、何を意味するのかは敦子だけでなく、当時、誰だってわかってはいなかった。

同時期から地元放送局のテレビ画面には、テロップで線量が毎日表示されるようになる。
「最初は24とかだったから、それが10に下がってよかったねって喜んでいたんです。あの時はモニタリングポストが福島にしかなくて、そのポストがどこにあるのかも、数字の意味もわからない。後になって、勧奨地点の話が出た時に避難の基準が3・2だったから、あれ、めちゃくちゃ高かったんだってわかったのですが」

5や6という数字が高いのか低いのか、子どもにどう影響を与えるものなのかはわからない。しかし新学期を迎えるにあたって、敦子は子どもたちを学校まで歩かせたくはなかった。外に「何か＝放射能」がある以上、徒歩通学をさせたくない、それはどうやっても譲れない思いだった。集団登校で一緒に行く親たちに電話をした。

「みなさん、仕事で忙しいと思います。うちは自営なので時間が取れますから、行きと帰り、うちの班の子どもたちを車で送迎したいんです。させてください」

果たして、どこも同じ思いだった。みんな、不安だったのだ。敦子が主に担ったが、親たちが協力して市が小国小の子どもに通学バスを出すまでの1年間は車による送迎を続けた。

「自分の中で今でも、これは一番よかったって思っています。そこだけは、悔いがないんです。一度も、子どもを小国で歩かせていないですから。それも、新学期の最初から」

小国小学校では新年度のスタートにあたり、当面、屋外の栽培活動は控え、体育の授業は屋内で実施する方針を、始業式の「お便り」で保護者に伝えた。

4月13日、伊達市教育委員会は放射能に関する指針を発表した。

「体育、部活動は屋内で。栽培活動は控える。登下校時など外出時は帽子、長袖、マスクを着用する。外から戻った時はうがい、手洗い。教室の窓は閉める、換気扇、エアコンは使用しない」など。

4月20日、伊達市のサイトにアップされた小国小学校の「環境放射線測定値」が、保護者に学校から伝えられた。

「測定場所　校庭中央：地面から高さ1メートル地点」

4月10日　5・78、11日　5・77……と連日、5マイクロシーベルト超えという数字が並ぶ。校庭での活動をしないとはいえ、子どもたちはこの場所に毎日、登校していたのだ。1年生から6年生まで全校児童57名という山あいの小さな学校で、原発周辺自治体の避難に紛れる格好で、このような事態が起きていた。

敦子は母親たちと協力して、通学路の放射線量を測定して回った。

「学校が始まってすぐに始めました。民主党の議員さんから線量計を借りて、お母さんたちで手分けして、子どもが実際に歩く場所を測ったんです。どこが高いか、知っておこうと。普通に3マイクロとか4マイクロはありました。風が吹けば、みるみる数字が変わるし、どの数字を信じていいかわからない。でも測ったことによって、放射能が小国にいっぱいあるというのがわかったんです」

自分たちの測定した数字と、新聞に載っている避難の目安となった数字を比較すれば、小国の数字が無視できないほどに高いことに否応なく気づかざるを得ない。

隣の飯舘村では「計画的避難区域」というよくわからない名称のもと、全村避難の動きが始まっていた。

なのに、小国では子どもたちは「普通に」学校へ通っている。みな、長袖・長ズボン、マスクを着用するという出で立ちで。

「こんなに高いのに、なんで、誰も言ってくれないの？　なんで伊達市からは何もないの？　逃げましょうとか言ってくれないの？」

敦子には理解できなかった。なぜ、市の広報車が来て注意を喚起しないのか。子どもを安全な場所へ移してくれないのか。それをするのが行政ではないのか。そうやって住民は守られるべきものではなかったか。

しかもこの時期、伊達市は浜通りからの原発事故避難者を受け入れており、霊山や小国の公民館に避難者たちが身を寄せていた。受け入れに当たって、消防団が各家庭を回り、毛布や布団を集めている。

「わけがわからない。なんで、ここに避難してくるの？　ここも線量が高いのに」

わが子が通う小国小学校が、福島県内の避難区域以外で——すなわち原発事故後も子どもが通っている小中学校の中で、最も高い放射線量を有していると知らされたのは、伊達市からでも学校からでもなく、4月20日の文科省発表を受けた「福島民報」の報道記事だった。

「衝撃でした。目を疑いました。何より理不尽だったのは、教えてくれたのが新聞だったということです。ふざけていると思いませんか」

当事者でありながら、自分たちが身を置く自治体から何のアクションもない。子どもへの被曝をなんとかしようと動くどころか、見て見ぬふり、まるでほったらかしだ。

今まで漠然と信じていたもの、国や県や市は自分たちを守ってくれるという信頼が、足元から崩れていくような思い。敦子はこれから身をもって、理不尽さを知ることになる。

（4）

「伊達っていいところだよねー。山もあるし、1時間ちょっとで海にも行けるし、もし原発の事故があっても、離れているから影響もないしねー」

ママ友の集まりで、よくこんな話をしていた。みんなで「そうだよねー」ってうなずいて。水田奈津（みずたなつ）（仮名、当時47歳）が信じて疑わなかった無邪気な思いが崩れ去ったのは、「あの日」からどれだけ経った頃だろう。

「徐々に徐々に、あれ？　って、おかしく思うようになっていきました」

伊達市保原町郊外、田んぼや果樹園、畑が広がる一角に水田家はある。半田（はんだ）銀山で栄えた桑折町の半田山や、霊峰・霊山を望む、盆地の真ん中にあたる平野部だ。

旧5町が合併してできた伊達市だが、市長を輩出し、伊達市役所が置かれた保原町が今や名実ともに伊達市の中心となっている。他の町ではさびれがちな飲食店などの繁華街も健在だ。水田家は保原の繁華街から車で5分ほど、のどかな田園地帯にある。

水田家は、主婦である奈津と夫の渉（わたる）（仮名、当時53歳）、渉の両親に子ども2人の6人家族だ。渉は会社員として働きながら、休みには家の周りにある畑を耕し、農作物を作ってきた。もともと農家の生まれだった。

伊達市ではこの日、中学校の卒業式が行われ、奈津と渉は長女・ひかり（仮名、当時15歳）の式に出席し、3人で近所のラーメン店で昼食を食べて1時半には帰宅した。奈津は1階の居間で、ひかりは2階の渉の部屋で父と一緒にのんびりとした午後を過ごしていた。

突然、渉と奈津の携帯から、地震警報が鳴り響く。

「ひかり、地震が来るから、おまえは下に降りとけ」

ひかりが階段を降りてきたちょうどその時、家が揺れ始めた。奈津は咄嗟（とっさ）にテーブルの下に入って娘を呼んだ。

「ひかり、おいで！」

奈津が言う。

「ものすごい揺れなんです。ゆっさ、ゆっさって、何、これ？　って。最初は東西に揺れて、次に南北に揺れた。あたし、東京が危ないって前から思っていたから、『東京、終わった。東京、壊滅』って揺れてる間、ずっと思っていたんです。娘はめったに『ママ』なんて言わないのに、『ママ、ママ』ってしがみついてきました」

それでもひかりは気丈に、テーブルから出てさっと窓のカーテンを閉めた。ひかりは言う。

「すごい横揺れで、ガラスが割れて、それが当たって死ぬと思ったから」

吊り戸棚から食器ががちゃん、がちゃんと飛び散っては割れていく。

「食器が割れるたびに、お母さんが『あーあ』ってため息ついて。何度もそのたびに」

ペンダント式の照明がゆっさゆっさと揺れ、火事になるかと思った瞬間、すべての電源が落ちた。

揺れが収まって、2人は外に出た。すでに祖父母は外に出て、2階を見上げている。2階のベランダから、渉が「はしご、はしご」と叫ぶ。渉が言う。

「ギターを守ろうと抑えていたら、いきなりプリンターが飛んできて、俺の腰に当たったの。そこから、めちゃくちゃ。内側に開く扉に本棚が倒れて本がどどっと重なり、荷物も倒れて、扉が開けられなくなって部屋から出られなくなり、はしごで2階の窓から外に出たんです」

これでようやく、家にいる全員の無事が確認できた。

「あっ、真悟（しんご）だ！」

3人、同時に思った。小学3年の真悟（仮名、当時9歳）を迎えに、渉とひかりは小学校に走る。冬の雷が鳴り響き、雪が狂ったように舞い散る。空にはヘリコプターが何台も飛び、救急車と消防車のサイレンが鳴り響く。一体、何が起こったのか、学校へ急ぐ渉には何もわからない。

すでに校庭には、子どもたちが集められていた。みんな、ひどく怯（おび）えていた。真悟を真ん中にして包み込むように、ひかりと渉が手をつなぎ帰る途中、真悟はわんわん泣いた。必死で恐怖を我慢していたからだった。奈津は、あとで真悟から聞いた。

「障害のある子が『こわい、こわい』って言ってるから、真悟は自分もこわいけど我慢して、その子の手を握っていたんだって。お父さんとお姉ちゃんが迎えにきて学校の外に出て、ようやく泣けた。その時の恐怖のせいか、今でも真悟は地震になると気持ちが悪くなる」

家の中はめちゃくちゃ、足の踏み場もない。子どもたちが「家の中はコワイ」というので、この日、一家は庭にあるビニールハウスで寝ることにした。

「年寄りが勝手にフラフラすると危ないし、とにかく、みんなで一緒にいようと。たまたま使っていない替えのビニールがあったので、それをハウスの土の上に敷いて、布団をその上に持ってきてジャンパーを着たまま潜りこんで、そのまま寝ることにしました。そんなに寒くなかったですよ。石油ストーブを入れて、あっためたから。むしろ結露ができたほど」

伊達市ではここ保原の一部と梁川町のライフラインが、地震でズタズタになった。電気は止まり、水道もガスも使えない。

ここから、水田家のサバイバル生活が始まった。奈津が言う。

「もともとよくバーベキューをやっていたので、外での煮炊きには慣れていたんです。冷凍庫に肉とか魚とかいろいろ食材は常備してあったし、水も買ってあった。この日の夜はインスタントラーメンを茹でて、翌日は七輪でお米を炊いてみたらうまくいったので、これでご飯も大丈夫だって。バーベキューのコンロで木炭を使って魚を焼いたり、石油ストーブに乗せておけばお湯も沸くし」

問題は、情報だった。11日の夜にはすでに、原発は深刻なことになっていた。20時50分、県から半径2キロの住民に避難指示が出され、それから1時間も経たずに、今度は国から半径3キロ圏内に避難指示、半径3〜10キロ圏内では屋内退避の指示。

原発どころか津波の被害さえ、ビニールハウスの住人には正しく伝わってはいない。

「電気が止まっていたので、直後はラジオを聴いていたけど、電池を温存しないといけないから消したり、つけたり。携帯電話も充電がなくなるのがこわくて、ワンセグでテレビを見れたけれど、見る気にもなれない」

それでも切れ切れに入って来るのは、今まで聞いたことがないことばかり。

「一体、何が起きたんだろう。耳から入って来るのは津波のことばかりなんだけど、でも何が起きているか、見当もつかない。野蒜海岸に何百もの遺体って、一体、どういうことなんだろう。ラジオで言っていること自体、訳がわからない」

何台もの自衛隊のヘリコプターが飛び交い、空の爆音は止むことがない。街では緊急車両のサイレンが鳴り響く。冬に雷など起きない土地なのに、狂ったように雷鳴が轟き、雪が猛烈な勢いで打ちつけ、大地はゴゴゴゴーと不気味な音を立てる。まさに、天変地異の様相を呈していた。しかし、世の中に何が起きたのかは、まったくわからない。

とにかく家族みんなが寄り添って、食べて、生きていくことだ。それが、水田夫妻にとっての当面の差し迫った課題だった。

12日に1号機が爆発しているが、水田家では誰も知らない。この日、ひかりと真悟は外で無邪気にサッカーに興じていた。

日本全国で原発が一体どうなってしまうのかと刻一刻、固唾を飲んでテレビ画面を注視していたその時に、数日後に放射能汚染の「当事者」になってしまう人たちが、全くといっていいほど情報の蚊帳の外に置かれていた。

「とにかく、ここでサバイバルをするので精一杯。余震もすごいし、体力を温存するしかないよねって」

結局、ビニールハウスで丸2日過ごした。3日目にようやく、家の中を掃除して、1階の一間を片付け、寝る場所を作った。そしてその翌日に、電気が復旧した。14日のことだった。奈津は言う。

「14日、新聞で爆発の写真を見た気がするんですよ。煙が出ているものを。えっ? 原発、爆発したの？　って。原発周辺の人がこっちへ避難してきているっていう話は、どこからか流れてきた。だけど所詮、私たちにとっては他の地域のことなんです。山がいくつもあるし、離れているし、大丈夫だよねって」

ただし、ひかりの反応はちょっと違っていた。ひかりは小学生の時に子ども向けの電気の勉強会で原子力発電を知った時から、「危ないものを使っているんだ」という認識を持っていた。小学6年の夏休みに、新聞記事を元にした自由研究で選んだテーマは、「プルサーマル」。福島第一原発3号機に導入されたが、それは、より危険性の高いものだということを知った。

奈津は言う。

「娘は勉強して知っているからか、すごく怖がっていました。爆発したのなら危ないから、外に出ないようにしようって。窓も開けないで、換気扇も回さないでって」

ひかりはこう振り返る。

「原発がやばいらしいと聞いた時、なんか、パニックになりました。えー、やばい。どうしよう、どうしようって。すごく怖かった」

思い出したのが、「暇だから、何気なく見ていた」小学校の保健の教科書。巻末に原発で事故が起きた時の対処法が書かれてあった。ひかりは両親に訴えた。

「窓とか換気扇に目張りをしないといけないし、ごはんはラップがかけてあって冷蔵庫に入っているのしか食べちゃだめで、エアコンを止めないと、外の空気が入ってくる」

渉はひかりを叱責した。それは興奮状態の娘を落ち着かせるためでもあった。

「今、原発で避難している人がいるんだぞ。必死で作業している人がいるんだぞ。そういう人のことを考えろ。俺らのことよりも」

のちに、渉は思った。

「結局、ひかりの言うことが正しかった」

奈津はひかりの言葉に従い、窓を目張りし極力開けないようにした。以降3年間、水田家では窓を開けることなく過ごすことになる。

3月16日、この日、福島県は予定通り、県立高校の合格発表を行うという。ひかりはすでに2月、一期試験で県立高校の合格が決まっていた。進学校で偏差値も高く、ひかりの憧れの高校だった。ひかりと奈津には、発表を見に行くことへの躊躇(ちゅうちょ)があった。爆発した以上、外に出るべきではないと。

実際、前日の15日、すでに福島市では原発爆発後、最大の空間線量を記録していた。その要因は3月15日の夕方、福島第一原発周辺から東南東及び南東の風が吹いたことで、この日、北西方向に高濃度汚染地帯が作られたのだ。

もっとも顕著なのが飯舘村で、18時20分に44・70マイクロシーベルト/時を記録。この時、飯舘村に隣接する霊山町小国にも放射性物質が降り注いだ。

飯舘村を通過した放射性物質が次に向かったのが、福島市だった。19時30分に、福島市は24・08マイクロシーベルトという最大値を記録する。

しかもこの日、中通りでは雨が降っていた。山深い小国では、それが雪になった。この雨によって放射性物質が降下、中通り一帯に放射性物質が沈着するという不幸が起きた。

繰り返すが、県立高校の合格発表はこの翌日のことだ。

中学校を卒業したばかりの生徒たちが幾人も、屋外の掲示板で、自分の合否を確認するために県内各地を歩き回った。放射性物質を警戒するアナウンスは何もなされず、無防備なままで。

ひかりは既に合格が決まっていたこともあり、無理して外に出ることもないだろうというのが、本人と奈津との一致した考えだった。

「だから、高校に電話したんです。阿武隈急行は止まっているし、ガソリンもないから、発表を見にいけないと。では、来られる時でいいと高校では言われたのに、それが中学に伝わっていなかった。中学から早く手続きに行ってくれと電話があった」

努力してようやく合格した、希望の高校だった。こんなことで合格が流れたのでは元も子もない。2人は手続きに出かけることに決めた。18日、渉に奈津の実家がある福島市内まで送ってもらい、福島交通飯坂線で最寄り駅まで行くことにした。

「帽子をかぶってマスクして、メガネをかけて手袋をして、変な格好だけど、それでいいよねって。駅からは歩くしかないので」

精一杯の防御をして出かけたが、それでも今、奈津はこの日を悔いている。何でもいいから理由をつけて、ひかりを外に出すべきではなかったと。

そうであっても知識があったから、ひかりは「防護」できた。

「ひかりの中学の同級生達は、阿武急が止まっているから、自転車でバス停まで行って外でバスが来るのを待って福島に出て、駅から歩いて見に行ったって。帽子もマスクも何もしないで、そのままで」

水田家では、3月中は子どもを極力、外に出さなかった。

しかしこの時期、ライフラインが寸断された保原や梁川には、給水の列に並んだり、食料の買い出しに自転車で走り回る中学生や高校生たちの姿があった。そうやって、親の助けになろうと子どもたちは働いていた。マスクもせず帽子もかぶらず、何一つ放射能対策を取らずに外に長時間いたことになる。

伊達市は23日に小学校の卒業式を行った。真悟たちの小学校は在校生も参加することになっており、3年生の真悟も式に出なければならなかった。

「あの時、卒業式をやったのはこの辺では伊達市だけなんです。心配なら車で送ってくださいって学校がいうから、真悟は車で送って行きました。卒業生をみんなで送るアーチは毎年、校庭に作るのですが、さすがに体育館でやったというけれど」

ただしあの時、奈津にも渉にも自分たちの生活圏にまさか、それほど多くの放射性物質が降り注いだとは思ってはいない。やはりまだどこか、遠くの場所の出来事だった。

「あの時点で、この辺が高いんだという意識は全然なかったです。ひかりの同級生なんて、暇だから川遊びをしたというし。だから、どれだけ初期被曝をしたのか、わからないんです。もちろん、逃げるっていう頭もないですよ。市の広報車が回ってきて、注意を喚起するわけでもなかったし」

のちにわかったことがある。実父の書道教室の生徒だった年配の女性がふと、奈津の母に漏らした言葉がある。それは事故から半年ほど経った頃のことだった。その女性の息子は福島県の職員だ。奈津の母は今も、この女性の言葉を忘れない。

「震災があった次の日だったか、その次くらいだったか、息子から電話があったの。『今すぐに、貯金通帳と全財産を持って逃げろ』って。『そこにいだら、だめだがら』って」

（5）

この日は、父の検査の日だった。川崎真理（仮名、当時38歳）は、だから忘れもしないと振り返る。

「3月8日に急に入院することになって、でもそれはあくまで検査のための入院でした。11日の午後に検査をすることが決まっていました」

保原町で育った真理は、1997年に、地域は違うが同じ保原町に住む夫のもとへ嫁いだ。周囲には見渡す限り田畑や果樹園が広がり、盆地を取り囲む山々の前に遮るものは何もない。360度、気持ちよく視界が開けた平野部に、川崎家はある。「ここだから、お嫁に来たのかも」と真理は冗談めかして笑う。

結婚後しばらくは夫の両親と同居していたが、事故の2年前に同じ敷地内に家を建て、子ども2人と夫婦4人で始まった新生活は快適なものだった。

長男の健太（仮名、当時10歳）はやっと授かった子どもだ。同じ年の末に生まれた長女・詩織（仮名、当時9歳）は学年は違うものの、8ヶ月しか離れていないという年子。

2人の赤ん坊を一緒に育てるという大変な子育て期、真理にはこの時期の記憶がほとんどない。何が流行ったかもわからないのは、テレビを観る時間すらなかったからだった。

子育てが一段落した真理は、ガス検針の仕事に就いた。幼い子どもがいる身には時間の融通がきく仕事がありがたかった。２つ年上の夫は隣町の工場に勤務していた。

その日は検査の父に付き添っていた。

「ずっとそばにいたかったのですが、子どもたちが学校から3時10分に帰って来るので、家に戻ろうと病院を出て、ドラッグストアに寄ったんです。ボディソープが切れていたから」

地震に遭ったのは、そのドラッグストアの店内だった。

「突然、揺れたんです。私、仕事のしすぎで目眩（めまい）？　と思ったけど、目眩じゃなくて、棚からどんどん物が落ちてきて、通路がふさがってしまい動けなくなった。もうひとりの女性の客が恐怖で全く動けなくなっており、その人のところに上からどんどん物が落ちてくるので、もうひとりの女性客とその人を引っ張って、３人で『どうしよう、どうしよう』と震えていました。天井に吊してあったガラスのようなものが割れて落ちてくるし」

テレビで見た、大地震の瞬間映像のワンシーン。それが目の前で起きていた。店員に助け出されたのは、最初の揺れがおさまった後だった。

家に帰ろうと車を発進したが、道は盛り上がり、信号は止まっている。あちこちの家から瓦が落ちる音がする。

「ようやく家に帰ったら、じいちゃんが庭の桃の木にしがみついていた。立っていられないからって。家の中からいろんな割れる音が聞こえてきたんですが、家の鍵は開けないで、そのまま、子どもの学校へ急ぎました。校庭で子どもたちみんな泣いていて、自分の子と近所の子を乗せて送り届けて……」

家の中は物が散乱して、足の踏み場もない状態だった。真理にとって何よりショックだったのは、新築してまだ2年も経っていない、「念願のマイホーム」の変わり果てた姿だった。「地震に強い」がキャッチフレーズの家を選んだのに、1階の居間の壁が割れて大きな亀裂がいくつも走り、壁紙は剝がれ落ち、無残なありさまを呈していた。真理は当時を振り返りながら、そばにいる娘の詩織に笑う。

「お母さん、人生、もう終わったって思ったよ。苦労してやっと建てた家なのに、何のために、これまでやってきたんだろうって……」

それでも「地震に強い」鉄骨の家、先ほどの水田家のように「家の中にいるのがコワイ」と、外で過ごす必要はなかった。

「鉄骨のフレームでできている家なので、そうは壊れないだろうという安心感はありました。うちの地区は停電になったのですが、自家発電できるようになっていたし、エコキュートで水は確保されてあるので、蛇口の水は止まっても家の外のエコキュートのタンクから水を取り出せば何とかなるし」

夫も無事に帰宅し、家族が全員揃ったので、真理は実家にひとりでいる母の様子を見に行った。

「実家は電気が通っていたので、母はずっと津波の映像を見ていたそうです。母は大丈夫だし、父も病院で安全なので家に戻ったのですが、この日は津波のことも、まして原発のことも何もわかっていなかった」

そんなことよりショックだったのは、この日の午後に予定されていた父の検査が、地震により延期されたことだった。

「検査して治療して、家に帰ってくるはずだったのに、検査もできずに、そのままずるずると入院していて、父は刻一刻と状態が悪くなっていきました。そのうちに動けなくなって……。元気に家に帰るものだとばかり、思っていたのに」

父は家についに戻ることはなく、5月初旬に亡くなってしまうのだが、ゆえに地震後の真理の心を覆っていたのは、ひとえに父の容態だった。

「もちろん、地震があって、津波が起きたというのはわかっていました。3月13日に、祖母の四十九日法要があったのですが、その時はまだ原発が爆発したのは知らなくて、お寺で親戚としゃべったのは、地震がすごかったねってそれだけです」

爆発を知ったのは、14日のこと。でもそれは遠い場所でのことだった。

「私たちは60キロも離れているし、テレビで見た同心円の中には入っていないから、うちらには関係のないもんだと思っていました」

真理がガス検針の仕事を再開したのは、その14日のことだ。

会社から「地震でガスボンベが外れていないか点検するよう」に連絡が入ったため、14日の午後に保原町柱沢地区を車で点検に走った。車を停めては1軒1軒、ガスメーターの場所に行くという確認作業を午後目一杯かけて行った。点検車には特別に、ガソリンが支給された。

翌15日には、自分の担当エリアである上保原と富成地域を1軒1軒、同じように車を近くに停めては歩いて点検と検針に回った。

「後でわかったんですが、私が回っていたのって、全部、線量が高い地域ばっかりだったんです。15日は仕事が終わった後に、顔がものすごくひりひりして、どうしてこんなに痛いんだろうって。まさか日焼けじゃないだろうって」

富成地域は、年間20ミリシーベルトを超える地点があるとされ、「特定避難勧奨地点」が設定されることになる地域だ。上保原は、のちに詳述する区分けによればBエリアだ。真理は高濃度の汚染をもたらした放射性物質が降っている真っ只中に、その場所を身ひとつで歩いていた。

4月10日段階だが、「だて市政だより」5号において、「市内小中学校の放射線量測定値」でこのような数字が記録されている。

上保原小学校　2・62マイクロシーベルト／時
柱沢小学校　3・80マイクロシーベルト／時
富成小学校　5・14マイクロシーベルト／時

真理は自分のすぐそばに、高い放射線量を放つ放射性物質があるとは夢にも思わない。目の前に広がるのは、いつも通りの風景なのだ。

「原発周辺からこっちへ人が避難してきているわけだから、ここは安全なんだと思いました。原発が爆発したらどうなるかという知識は何もないですよ。せいぜい、チェルノブイリは大変だったという程度。私たちの地域は、そもそも原発がないのだから分からないですし、同心円から離れているから大丈夫だと思っていました」

この時期、茨城にいる兄から「保原は放射能、大丈夫なのか」と電話が入ったが、真理はこう答えている。

「みんな、普通にしているよ。水汲みしたり、普通に歩いているからなんともないよ」

真理は時間が許す限り、父の病院に見舞いに行った。

「仕事のこと、父のこと、そして子どもに家事と、毎日、何が何だかわからないまま、日々が過ぎていきました。それでいっぱいいっぱいだった気がします」

それでも家を留守にする時には、子どもたちに「できるだけ、家の中にいるように」と注意をして出かけた。

「どこからか、あまり外に出ない方がいいと聞いたので。息子はインドア派なので家でゲームをしているからいいのですが、娘はさーっと外に出ちゃう。外で遊ぶのが大好きな子で、『家の中に入っていないとダメだ』と言っても親の目を盗んで外に行っちゃうんです」

家の周りには田んぼの灌漑(かんがい)用水が張り巡らされ、水路に網を突っ込んで「ガサガサ」するだけで、面白いように魚やザリガニが引っかかる。小さい時から詩織はこうした遊びが大好きだった。

川崎家の水槽には、詩織がとってきた魚やザリガニが飼育されている。大好きな川遊びは原発事故後も、こっそりであっても続いていた。20日には父と一緒に、詩織は家の庭で芝生の種を蒔(ま)いた。

「お父さんが地震で会社が休みになって暇だから、芝生でも植えようって。娘も喜んで土いじりを手伝った。まさか、こっちへ放射能が来てるなんて思いもしないし、避難の指示もないし。今となればもう、笑うしかないですが」

3月20日といえば、放射性ヨウ素も高かった時期だ。

新学期が始まり、子どもたちは小学5年生と4年生になった。

「伊達市の広報は逐一、読んでいました。市長が何も心配ない、大丈夫と書いていたし、その通りだと思っていました。疑うなんて、そんな気持ちは一切ないですよ。市が言ってることは正しいって。それよりも、あの頃は父のことが心配でたまりませんでした」

4月下旬、健太のクラスメイトが3人、避難を決めた。健太がお別れの手紙を書くと悲しそうな顔で母に伝えた、その時。

「あの時、なんでかわからないのですが、私、息子と娘に泣いて謝ったんです。『ごめんね、うちは今、避難できない』って。他の家では避難を考えることができているのに、あたしには全然、できなかったっていうことが……」

あの時、溢れ出た涙は何だったのか。

原発のことは、気になっていないと言えば嘘になる。しかしあの時、どこかへ逃げようなんていう考えはまったくなかった。

なのに、健太の身近にいる友達は、すなわちその親は「避難」という重大な決断を現にした。ひとえに子どもを守るためだ。それ以外の理由があるはずもない。そこまでの差し迫った状況にここは今、なっているのだろうか。真理には何もわからない。

ただただ、転校する友達に手紙を書いている健太の姿がたまらなく不憫(ふびん)だった。

私は逃げるということも考えられない親なんだ……、そこに思い至った瞬間、涙となった。

「健太、ごめんね。詩織、ごめんね」

謝罪の言葉が口をついて出た。嘘偽りない思いだった。

ほどなく父が亡くなり、事態の急展開に真理は巻き込まれていく。ひとり残された母が急速に弱っていく。不安定になっていく母の心を、娘として支えるだけでも必死だった。

真理にとっての2011年は、刻一刻と変わる家族の状況に対応するだけで精一杯だった。だから放射能のこと、被曝から子どもをどう守るか……、それは二の次、三の次のことだった。

だって伊達市が大丈夫だと言っているのだから、大丈夫に決まっているし、ガラスバッジも訳がわからないがつけているし、ホールボディカウンター（ＷＢＣ）検査も伊達市はやってくれているし。だから、心配はないのだと。

真理に、甘くない「現実」が突きつけられるのは翌年、甲状腺検査が始まってからのことだ。それはわが子の「死」がちらつくほどの、過酷で理不尽な現実だった。

第1部

分断

2011年6月6日、午前10時35分、枝野官房長官室。

出席者　枝野官房長官、福山官房副長官、伊藤危機管理監、菅原局長、
西本技総審、森口文部科学審議官他。

「伊達市と南相馬市の線量の高い地域についての議論（メモ）」抜粋。


（福山副長官）無理矢理計画的避難区域にすることが必要ではないと思うが、面でないので経過観察とした。点で本人の希望を聞くか、避難してほしいというメッセージを出す必要があるのでは。何で居て良いかと聞かれて答えようがない。

伊達の場合は小学校がある。

（森口文科審）伊達の小国小学校は表土を削った。

（枝野長官、福山副長官）出て行ってもらって良い、強制はしない、安全サイドに立って。

（伊藤危機管理監）自主避難ということか。

（枝野長官）計画的避難区域の外。

（菅原局長）区域と言うより概念的なもの。

（伊藤危機管理監）区域の避難ではなく、個別の避難。

（枝野長官）政府としては、安全の観点では20ミリシーベルト前後なので大丈夫だが、安心の観点で情報提供をして避難を希望する方には避難していただく、というラインでどうか。

（福山副長官）伊達の小学校は開けておいて良いのだろうか。

（枝野長官）子供の避難は強く促す。学校は除染して、学校の周りが低ければ良いし、周りが高ければ避難を促す。20ミリシーベルトの境目は柔軟に対応する。

1　見えない恐怖

激震は、まず小国を襲った。

始まりは、降ってわいたように小国にマスコミが大挙して押し寄せたことからか、それとも1枚のファックスが伊達市に送られてきたことか。

２０１１年６月３日、文部科学省からのファックスが伊達市に届いた。この日、文科省は放射線分布マップを公表したが、その結果、伊達市内で年間線量が20ミリシーベルトを超える地域があることが明らかとなったのだ。

24年3月11日までの推計値
宝司沢（ほうしざわ）　20・0ミリシーベルト／時
石田　20・1ミリシーベルト／時
上小国　20・8ミリシーベルト／時
下小国　19・8ミリシーベルト／時

このなかで霊山町石田宝司沢地区はすでに、5月中旬段階で国より「計画的避難区域に該当する地域」と伝えられており、伊達市では「自主避難」という形で希望者のみ避難させる、すなわち「地域の実情に応じた対策がベター」だという判断を下した。

これが、伊達市がのちに積極的に採用した「特定避難勧奨地点」の原型となった。

文科省からの通知を受け取った市長の反応に、深刻さはうかがえない。少なからぬ市民がテレビニュースで、市長のこのようなコメントを記憶している。

「たまたまでしょう。急に（線量が）上がるのはおかしい」

報道機関はすぐに、問題の大きさを察知した。その焦点となったのが、小国地区だ。冒頭に記した会合で福山官房副長官が、「伊達の場合は小学校がある」と言及しているのは、小国小学校を指していた。

小国の住民にとってみれば、飯舘村の全村避難の狂騒が一段落し、やれやれと思っていた直後だった。飯舘村の人々への同情はあったものの、他人事でしかなかった「避難」が、自分たちにも降りかかってくるとは青天の霹靂（へきれき）だった。

普段は歩く人もまばらな山あいの里に何台ものタクシーが停まり、カメラマンと記者らしき人間がマイクをもって、口を開く住民を求めて歩き回る。小国小学校の校門前には報道の人だかりができ、その中を子どもたちがカメラや視線に怯えながら登下校する。

一変してしまった小国の風景に、住民の誰ひとりとして普通でいられるわけがない。

椎名敦子は、目の前の光景を前にただ立ち尽くす。

「こんなに取材のタクシーが張っているほど、有名な場所だったんだ、小国って……」

一体、何が起きているのか。全てが住民不在で進んでいた。

今回も「事実」を知らされたのは、市からでも国からでもなく新聞報道だった。6月4日、土曜日の朝に配達された福島民報の1面トップに「新たに4地点20ミリシーベルト超」の見出しが踊る。1年間の推計値が20ミリシーベルトを超えるという「地点」に、紛れもなく「小国」という文字があった。

「上小国20・8、下小国19・8……」

えー、何これ……。敦子は絶句するしかなかった。こんなの、私たち、誰も知らない。年間積算線量なんて、誰も教えてくれなかった。

外には朝早くから、タクシーが次々に詰めかける。

「こんなちっちゃな小国に、タクシーばっかり停まっている。なんでこんなにタクシーがいるのか、ああ、本当に気持ちが悪い」

上小国に住む、高橋佐枝子も信じられない思いで、マスコミの大群を眺めていた。敦子と同じように、6月4日の新聞で自分たちが暮らすこの場所が、とんでもなく放射線量が高いことを、「事実」として初めて突きつけられた。

「それまでも、高いらしいというのはあったんだけど、ほんとかどうかなんてしんにがら（知らないから）。だから優斗は自転車で、霊山中学校まで通わせていたの。伊達市の広報誌でも大丈夫だと言ってるし、予定通りに学校も始まったから。本人も、みんなと一緒にしたいって言うし」

この日は土曜。月曜から佐枝子は次男・優斗を車で中学校まで送り迎えすることにした。徒歩2分ほどで霊山町中心部へ行く路線バスの停留所もあるが、そこまで歩かせることも不安だった。

幸いなことに上の2人の高校生は、福島まで通学する交通手段がないために夫の徹郎が出勤の際、阿武隈急行の保原駅まで送り、帰りは佐枝子が駅まで迎えに行っていた。ゆえに高3の直樹と高1の彩に関しては、放射線量が高い場所を歩かせてはいない。

しかし、優斗は無防備といっていい状態で高線量地域を朝夕、自転車で走り抜け、くわえてテニス部に入ったために放課後は毎日、砂埃（すなぼこり）舞う校庭で部活をしていた。

霊山中の空間線量（6月1日～6月7日）は、伊達市の発表によれば1・70～1・90マイクロシーベルト／時。

「最初はそれでも部活は、屋内でやってたんだよ。廊下でボールを打ったり。でも割と早いうちに、外でするようになった」

文科省が校庭使用基準を3・8マイクロシーベルト／時以下としたことにより、4月19日、県教委は「学校の校舎・校庭等の利用判断における暫定的考え方」を発表。これを受けて伊達市では富成小学校、小国小学校、富成幼稚園以外の学校では、屋外活動をしても問題ないとされた。

優斗が通う霊山中学校でも、校庭での体育や部活が再開された。佐枝子はどうしても心配で何度か、学校に電話をしている。

「校庭を除染したのは8月だから、除染してない校庭で、ずっと部活をやってたんだよ。あのころ、居ても立ってもいられず、しつこく学校に電話をかけた。何度聞いても、校長先生は大丈夫だって。通学はマスクをさせていたけど、部活ではマスクは取るの。邪魔だからって。校長は伊達町に住んでいて、『伊達より、霊山の方が低いから大丈夫だ』って、そればっかり」

のちに伊達市は除染に際し、線量によって市内を3つのエリアに分けるのだが、校長が住んでいた伊達町は最も線量の低いCエリア、霊山中学校がある霊山町中心部は小国同様、最も線量が高いAエリアとされた。中学生を守ろうという意識が、果たして学校長にどれだけあったのか。

現に優斗は除染していない校庭だけでなく、ボールが転がれば側溝のある草むらへボール拾いに入っていくのが、常だった。佐枝子は大きく首を振る。

「霊山中の生徒への配慮は、ジャージ登校だけ。ジャージなら洗えるからって。それだけ」

霊山中は事故直後の2011年3月の春休み期間中も、外で野球などの部活をやらせていたという証言がある。原発事故後、伊達市で際立つのは中高生が守られていないという事実だった。

佐枝子は子どもたちが心配だからこそ、玄関からエントランスなど、子どもが通る場所はとにかく水で流すようにしていた。これが、のちに特定避難勧奨地点の設定にあたり、仇となってしまうのだが……。

「こっちは子どもが心配でしょうがないから、毎日、玄関には水をかけてたの。テレビで言ってることは、全部やってたの。通り道は水で流して、外から帰ってきたら、服を脱がせてビニールにいれてすぐに洗濯する。窓も夏場の暑くなるギリギリまで閉めていたの。冷房もしないで、とにかく外気を入れない生活。暑くなって、どうしようもなくなって開けたんだけど」

噂で、この辺の線量が高いらしいということが聞こえてきたのはいつだったか。隣の飯舘村が全村避難になった頃からか。

「『ほだ（そんな）に、ここ、あぶねかったの?』って。何にも知らなかった。飯舘村や川俣は高いって聞いてからは、ここも近いから高いのかと思ったけど、小国のどこが高いのかは、わがんねかったし」

佐枝子は唇を噛む。

「はっきり危ないってわかったのは、勧奨地点の話が出て、タクシーがうじゃうじゃいるようになってから。新聞にも出てたし。後でわがったんだけど、優斗の通学路はホットスポットだった。すごく高いところを毎日、自転車で通ってたんだよね……」

「この辺、もう空白」

早瀬道子は新学期がスタートし、勧奨地点の話が出るまでの期間をこう話す。

「なんかもう、生きるのに一生懸命で何も覚えていない」

長男の龍哉は徒歩で、小国小まで通っていた。小学2年生の足で25分ほどの距離だ。

「うちの通学班は、お母さんたちみんな働いていて、交代であっても子どもたちを車で送迎することは難しかった。みんな心配だけど、どうしようもなかった」

いくらマスクをさせても、小学2年生の子だ。暑かったり苦しかったりすれば、すぐに外してしまう。

「すごく心配だった。歩かせていいのだろうかってずっと思いながらいて、ただ家では手洗い、うがいをきっちりさせて、外で遊ばせないなど、家でできることはしていたんです」

勤務する幼稚園と同じ敷地にある小学校に、幼稚園児の検診で出向いた時のこと。道子は目をみはった。

「昇降口にゼオライトと雑巾が用意してあって、窓という窓は全部、目張りをしている。換気扇もそう。『すごい、なに、この学校？』ってびっくり。なんでもアメリカ人の先生がいて、放射能に詳しいからやれたって。校庭や子どもが通る場所で線量の高いところには、気をつけるようにとテープで指示されてあって、4月初めからちゃんと子どもを守る対策がされていた」

だから小国小にも、この取り組みを伝えた。校長は翌日には玄関に雑巾を用意するなど、素早い対応をとってくれた。

「当時の校長先生は、親の要望や心配に寄り添ってくれる人だった。ちゃんと親たちの話を聞いてくれたし」

5月の連休明け、小国の線量が高いようだと通学班の班長から電話が入る。

「うちの班だけ、車で送り迎えをしていないから、仕事を抜けてでも協力して、子どもの送り迎えをするようにしようっていう班長の申し出があって、その通りだ、そうしようと親たちみんなで協力してやることにしたんです」

もはや、子どもを歩かせることすらできない。このような場所で、事故後も「普通」の生活を営まざるを得ない状況が強いられていた。

子どもを車で送迎するという、この決断は実に正しかった。のちに特定避難勧奨地点が設定された際、道子たちの通学班がある山下行政区は、ほとんどの家が「地点」に指定された。それほど高線量のエリアだったのだ。

5月中旬、道子は待ちに待った線量計を手にした。数時間という枠であっても、ようやく知人から線量計を借りることができたのだ。ここで初めて、自宅内外の放射線量を測定したのだが、その数字を記した「2011年5月」のカレンダーは四つに折りたたまれ、今も資料の中に大切に保管されてある。カレンダーの裏に殴り書きのように記された文字に、道子の逡巡や驚愕などさまざまな感情が読み取れる。

台所0・75　たたみ0・69　玄関0・96　子ども部屋0・38　2階0・56　テラス1・36　下の寝室0・20〜0・17　ぶらんこ1・92　クッキー4・13　駐車場3・81　牧草地4・0〜3・8　玄関前畑2・8〜2・74　ばあちゃん自転車2・3　アイビー5・0〜4・3

「クッキー」と「アイビー」は、外で飼っていた犬の名前だ。

「家の中でも1近くあって、外は5とか6とか。雨樋の下は6とか7とか。側溝は測定不能。

なんでこんなに高いの？　と目を疑って、もう1回、別の機械で測って、それでも同じ。これが現実だった」

道子は確信した。

「犬の背中で、5あるって。こんなところに一刻も子どもを置いておけない」

小国に全国のマスコミが押し寄せたのは、その直後のことだった。小国にとって避難というものが現実味を帯びてきた。

「お父さんは、『避難になったら、すぐに出るからな』って。私も職場に、避難になったら辞めさせてもらうしかないと話をして。そういう覚悟でした」

仕事を辞めることに未練がないと言ったら嘘になる。ただ仕事を続けながら、子どもたちを守ることは不可能だともわかっていた。後悔の念はない決断だった。

いつだったか覚えていないが、道子はテレビのニュース番組をたまたま見ていた。アナウンサーはこう話していた。

「飯舘村と同じ計画的避難区域にという話を、伊達市が断った」

2　子どもを逃がさない

小国が「避難」を考えなければならないほどの線量があると明らかになる前から、敦子の闘いは始まっていた。

「子どもを守れることは、とにかくすべてやりたい、ただただ、その一心でした。農林水産省に土壌調査をしてほしいと電話をしたり、民主党の玄葉（光一郎）さんにメールを書いたり、手当たり次第に動きました。市に『小国の線量を測って、測定値をきちんと出してほしい』というお願いもしました」

とにかく何が何でも、藁にでもすがりたい思いだった。

伊達市では4月5日発行の「だて市政だより」3号以降、市内各地の線量を公表するようにはなった。しかし、敦子は頭を振る。そんなことではないのだ。

「市は、集会所の線量しか教えてくれない。あたしたちは集会所に住んでいるわけじゃないんです。家や学校とか、子どもが暮らす身近なところの線量が知りたいのに……」

やがて、飯舘村の全村避難の話が重大ニュースとなって駆け巡る。しかし、すぐ隣の小国は何事もなかったように、「普通」の生活が続くだけ。これは何か、シュールなお芝居なのか？

敦子には現実のものとは思えない。

「新聞で小国小が一番高いって報道されているのに、なんで市も学校も何もしないの？　なんで説明会もないの？　飯舘村が避難になるっていうのに、なんで、小国には何もないの？　絶対、ここだって同じじゃん」

なぜ、小国には救いの手が差し伸べられないのか。そのことだけでも知りたい一心で、地元紙に電話をした。

「あたしたち、新聞の線量を見て、自分たちが置かれている状況を考えているんです。ここだって、飯舘村とそんなに変わらない。なのに、なんで同じ線量なのに飯舘村は避難できて、小国は避難指定にならないのですか？」

応対したのは記者らしき男性だった。

「飯舘村は、本当に高い場所があるんです」

えっ？　どういうことだろう。敦子は聞いた。

「じゃあ、なんで本当のことを書かないのですか？」

記者は、こともなげに言った。

「だって、ほんとのことを書いたら、怖いでしょ？」

受話器を持つ手が震えた。確かに新聞社はそう言った。天と地がひっくり返るような思い。

「新聞って、ほんとのことを書かないの？　まさか、そんなことがあるなんて……。今まで新聞もテレビも信じていたけど、信じちゃいけないんだ……。世の中、そんなことになってるの？」

それでもまだ、嘘であってほしいと心のどこかで敦子は念じていた。

4月17日には、県の放射線健康管理アドバイザー、山下俊一が伊達市で講演会を開いている。テーマは、「福島原発事故の放射線健康リスクについて」。

「100ミリシーベルト以下なので大丈夫。50ミリシーベルトを超えても、がんになる確率はほぼゼロ。10マイクロシーベルト以下なら子どもの外出もオッケー。遊んでも問題ない……」

敦子は周囲で盛んに行われていることの意味がわからない。小国小で行われた子どもと保護者に対しての放射能の学習会もそうだった。女性講師が話すのは、自然放射能のことだ。

「お花にも放射線があってね、飛行機にもあるしね、レントゲンにもあるよって……」

違う、違う……。たまらなくなった敦子は手を挙げた。私たちの本当の思いを聞いてほしい、それがどれだけ切実なのかを。

「私たちは、自然放射線のことを心配しているのではないんです。人工的に作られた放射線が現実に降り注いだ結果、それが子どもにどう影響するのかを聞きたいんです。だから、この会に参加したんです」

敦子の切なる訴えに、女性講師は泣き出した。

「お母さんの気持ちはわかります。でも私たちは、これ以上は言えないんです」

一体、何が起きているの？　なぜ、誰も子どもを守ろうとしないの？

敦子は今、冷静に振り返る。

「どんな説明会も一緒でした。たばことかポテトチップとかに、問題がすり替えられる。そんなのみんな一緒でしょ？　どこに住んだって。私が知りたいのはここに住むにあたって、どうやって子どもを守るかなんです。今、ここで、生きていくしかないのだから」

4月19日、文科省が発表した「校舎・校庭等の利用判断における暫定的考え方」において、屋外活動制限に該当する13校のひとつに小国小が入った。

これを受けて、4月22日、保原市民センターにおいて小国小の保護者・職員、同じく該当校となった富成小の保護者・職員、教育委員会担当者を対象に、文科省による説明会が開催された。

国の人間と話せる貴重な機会に、敦子は頭に浮かぶかぎり質問をした。聞きたいことは山ほどたまっていた。

「通学路は大丈夫ですか？　洗濯物を外に干していいのですか？　畑の野菜を食べていいので

すか？」

答えは、実にあっさりしたものだった。

「管轄外だからわかりません、次回に持ち返ります」

こう言われて二度と、持って返ってもらったことはない。夫の亨からは「おまえはバカか、管轄外のことなんか、話すわけがない」と言われたけれど、敦子が聞きたいのはそこだった。

聞きたい情報は何も聞けず、どこに訴えてもまともに話を聞いてもらえない。この堂々巡りは、敦子を消耗させていく。

ゴールデンウィークに入ってすぐ、伊達市は小国小学校の表土を剝ぐという形で、表土除去を行った。同時期に、保原町にある富成小学校と富成幼稚園の表土除去工事も行っている。

表土除去の結果、小国小では1センチメートルの高さで6・76マイクロシーベルト／時あった線量が0・79に、富成小では同5・42マイクロシーベルト／時が0・61になったと「だて市政だより」8号で報告された。

除去した表土は校庭の一部に仮置きし、この作業の結果、小国小、富成小、富成幼稚園ともに、屋外活動ができるようになった。

敦子には順序が逆だとしか思えない。この作業って、子どもたちを守るためにやったことなの？　まずは安全な場所に逃がすことじゃないの？　拭っても拭ってもぬぐえない、伊達市への違和感がどんどん大きくなっていく。

「市長はどこよりも先に、小国小をきれいにしてやったって言う。コンクリートも除染したし、いろいろやったのにって。それで何が不満なの？　って。あたし、これ以上、文句言わせないよという雰囲気をすごく感じた」

本来なされるべきことは一刻も早く、汚染のない場所に子どもを移すことなのに。除染が口封じの策とされてしまうことに耐え切れず、敦子は教育委員長に直接訴えた。

「私たちが求めているのは、校庭をきれいにすることではないんです。表土除去は大事かもしれないけれど、そんなことをしなければならない場所で、子どもたちが生活するのが嫌なんです。全校生徒57人の小さな学校です。小国小全員を、違う場所に移してほしい。集団疎開っていうのが、昔はあったのですから」

敦子の切なる願いはまたも空中で瓦解する。

「伊達市の方針が不満なら、伊達市を諦めてほしい。市として、子どもを移動させることは考えていない」

放射能のないところで子どもたちを生活させたいという、親としてだけでなく、人として当たり前の望みに対し、伊達市は聞く耳を持たないどころか、出ていけと言う。なぜ、当たり前のことが通らないのか、動けば動くほど訳がわからないものにぶち当たる。敦子が願うのはただ一つ。

「マスクなんかしなくてよくて、ソフトボールをやめなくてもよくて、砂遊びもできるような、そういう環境に、子どもを連れて行ってあげたい。それだけなんです」

長男の一希には夢中になっていたソフトボールを、泣く泣く諦めさせた。子どもの望みを断つという、身を切るようなつらさを市長にもわかってほしかった。

子どもを守りたいという、親としての切なる思いはどこにも届かない。

「わたし、怖かった。わからないものに包まれてすごく不安で。ただちに影響はないとしか言われない。じゃあ、普通に生活していて、何かあった時に、誰か責任をとってくれるの？　わたし、誰もとってくれないって、わかったんです。そういうのが一番、怖かった」

かけがえのない自分の子どもが、傷つけられることを想像しただけで、到底、尋常な精神でなどいられない。

「万が一、子どもに何かあったら、あたしは大丈夫なのかって考えました。あたし、自分をものすごく責めると思う。平気でなんていられない。あとあとになって後悔したくない、それだけなんです。そのためにできるだけのことをしたい、それしかできないから」

5月末、伊達市は次々に子どもへの対策を発表した。26日、「だて市政だより」（5月26日発行）で市長が「市内全小中学校、幼稚園、保育園の表土剝離、プールの清掃除染」を、30日には市長会見で「教育施設にエアコン設置、子どもの放射線対策10億円を専決決済」と発表。

市長は紙面で、こう訴える。

「放射能の健康被害の恐れと外で遊べないことによるストレスを心身の健康という観点から考えた時、私は後者の心配が大きいのではないかと考えておりますので」

市長が「子どものため」と進めていく方策への、敦子の違和感はますます大きくなる。

「意見を聞いてくれないだけじゃなく、頼んでもいないことをやる。除染は大事かもしれないけど、順番が違う。まず子どもたちを避難させてから除染して、きれいにしてから子どもを戻してほしい。エアコンを設置した、除染したから文句は言わせないって、すごく卑怯なやり方だと思いました」

敦子の怒りは真っ当だ。これらの施策は、「子どもを守る」ためではなく、「子どもを伊達市から逃がさない」ためのものだ。

「逃がさない」どころか、伊達市は子どもも放射能と「闘わせる」戦闘員として位置付けた。誰のために？　農業従事者のためだ。

6月16日発行「だて市政だより」14号の市長メッセージのタイトルは、「学校給食用食材における地産地消について」という、目を疑うものだった。

市長は放射能の影響による食材の「地産地消」の見直しについて、市民に語りかける。

「農業生産者は、放射能の風評被害により大きな痛手を負いつつあり、そうした中で、安全・安心な農作物を栽培し提供しようと全力を傾けているところです。

そうした中で、伊達市民が福島県の農業生産者の作る作物を信用できないとなれば、他県民が信用できるはずはないのではないでしょうか。風評被害に苦しむ生産者に対する思いも共有していかなければならないと思います。（中略）

子どもたちには、このような社会の仕組みや放射線についての正しい知識などの学習を行い、地元の食品で規制値に合格した新鮮な食材の提供について、さらなる安全確保に努めながら進めてまいります」

この時期の食品の出荷制限基準は、現在の5倍の500ベクレル／kgだ。放射能が降り注いで3ヶ月経ったか経たないかで、農家のために「子ども」も放射能と闘えと言っている。

敦子は学校が始まってからずっと、給食と牛乳を止め、できるだけ西日本の食材を使った弁当を作り続けてきた。

自宅でも地元の食材を使ったものは、祖父母世代だけが食べるようになっていた。夫の母に被曝の不安への理解があったことも大きかった。ひとつの食卓に並ぶのは二つの炊飯器で炊いたそれぞれのごはんに、2種類の副菜。当時、これは椎名家に限ったことではなく、伊達の多くの家で行っていたことだ。

四方八方、不安だらけの日常にあって、敦子が不安を解消できる唯一の方法が、自分で食材を選んで、子どもに弁当を作ることだった。それだけがもやもやと鬱屈した閉塞感を解消してくれる、たったひとつの手段。

もちろん、敦子は知っている。友達と同じ給食を食べられない子どもが卑屈になってしまう気持ちを、そのことの異常さを。これは、長く続けるべきでないことも。

それでもたったひとつの、子どもを守るために母としてできることだった。

「本来なら〝地産地消〟っていい言葉だったのに、もう、とても恐ろしい言葉になってしまった。農業が大事なのはわかるけど、私は健康が第一だと思う。健康な子どもがいての、伊達市の未来だと思うから」

四面楚歌（しめんそか）のなか、敦子はずっと念じていた。私は母として子どもに胸を張っていたい。それは夫の亨も同じだった。

「お父さんとお母さんは、あなたたちを守るためにちゃんとやってきたよ」

子どもにそう言えるように、ただひたすらやれることをやっていく。そんな敦子に、こんなレッテルが貼られ始める。

「気にしすぎる親、心配しすぎの親」

3　特定避難勧奨地点

伊達市長、仁志田昇司（にしだしょうじ）。中肉中背、短く撫（な）で付けた黒髪、太い眉とぎょろりとした眼が、押し出しの強い印象を発する。

昭和19年8月7日、伊達市保原町生まれ。昭和44年、東京大学工学部精密機械科卒業。卒業後は日本国有鉄道に入社、そのままJR東日本へ。JR東日本仙台車両所長から、同レンタリース株式会社取締役社長に就任。JR東日本本社での出世の王道から外れた子会社の社長時代に、保原町長出馬の声がかかり、平成13年に保原町長に当選・就任。

保原町長を2期勤め、平成18年2月、旧5町が合併してできた伊達市の市長に当選・就任。平成26年2月、3期目の当選を果たし、現在に至っている。

6月9日、伊達市に国からの来客があった。原子力災害現地対策本部・原子力被災者生活支援チームの佐藤暁室長が来庁し、直接、国が新たな避難制度である「選択的避難」を検討していることが伝えられた。

安全性の観点から政府として一律に避難を指示するべき状況ではないために、「選択的避難地点」として特定するという。

当面、伊達市と南相馬市に、該当地域があると判断された。

市の意向を打診された仁志田市長は、こう答えている。

「飯舘村のように計画的避難区域ではなく、個別指定で行っていただきたい」

個別指定――実は伊達はすでに、市独自のモデルをすでに持っていた。それが、霊山町石田宝司沢地区の個別指定だ。石田地区に年間20ミリシーベルト超の場所があることを国から伝えられたのは、飯舘村が全村避難で大騒ぎとなっていた頃だった。

仁志田市長は地域まるごとを飯舘村と同じような計画的避難区域にするのではなく、避難を希望する世帯のみを対象として、市営住宅を用意し、原発事故避難者と同じ扱いで個別に避難させた。この「実績」の上に、今回は対象地域が広いものの、最初からこの個別方式で対応するつもりだったようだ。

一方、当事者である小国住民に初めて、市による「住民説明会」が開かれたのはこの翌日、6月10日のことだ。

市長はその前に、国に「個別指定でお願いしたい」と市の結論をすでに伝えている。住民の意向を未だ、一度も聞いてさえいないのに。

「『特定避難勧奨地点』に係る協議経過」

平成23年6月9日（木）、15時30分

（伊達市）

6／12開催予定の霊山地域説明会打合せにおいて、原子力災害現地対策本部・原子力被災者生活支援チーム佐藤室長より新たな避難勧奨制度「選択的避難」を検討していることを伝えられた。

市の方針としては、これまでの法的強制力を持つ「計画的避難区域」の指定は望まず、住民自らが避難するかしないかの選択が可能な、緩やかな制度設計をお願いした。

また、これまでの国の公表データについては、市の測定と若干の相違が見られるため、11日、12日、13日の詳細モニタリング調査の結果を受けて慎重に判断頂くよう伝えた。

「年間20ミリシーベルト超線量地点への対応について（案）」

平成23年6月10日

原子力被災者生活支援チーム

（中略）

5、これまでの関係者の反応

(1)現地対策本部　田嶋本部長

・地域を限定的に決めることは重要。
・住民の判断に任せ、自主的に避難させる名称は反対。国の関与を示すべき。
・風評被害などを恐れて地域の設定をしないのではなく、客観的データに基づいて指定するしかない。

(2)福島県　森合局長（避難担当）

・限定的な地点の問題であることから、一律の避難ではなく避難の勧奨といった意味合いを明確にしてほしい。
・できるだけ確実に補償を受けるためにも地域を設定することは理解。
・一戸ずつ指定するより地域で設定する方が混乱は少ない。
・乳幼児や妊婦はできるだけ避難した方が良いという理解。
・来週月曜（13日）に県議会の災害対策特別委員会が予定されているので、発表時期については配慮して欲しい。

(3)南相馬市　桜井市長

・一律の避難など大げさな対応ではなく、該当する区域を個別に訪問して説明する対応とすべき。
・一方で、国として地域の特定をしてほしい。
・高齢者などは避難しなくてもよいようにしてほしい。

(4)伊達市　仁志田市長ほか

・計画的避難区域のような国による一方的な強制力がない本地域の設定については受入れ可能。

・ただし、地域の設定にあたっては、詳細なモニタリング結果を踏まえて慎重に対応して欲しいので、地域の設定の考え方を先に公表していただき、エリアの設定については、モニタリングを詳細に行った上で時間をかけて行ってほしい。

・年間積算予測が20ミリシーベルトを少しでも下回ると、対象外にすると、隣同士で争いになるので注意が必要。

・汚染を減らす取り組みは、国も積極的な対応を期待。

・避難希望が多い場合には、小学校のグランドに仮設住宅を建てることも考えないといけない。

小国地区の母親たちの間に、激震が走る。こんなに線量が高いところに、子どもを置いていていいの？　動揺がどんどん広がっていく。しかし、市からは何ひとつきちんとした情報は伝えられない。

椎名敦子が「地域でなく、個別の避難らしい」と知ったのは、NHKの記者の取材を受けた時だ。敦子は頭を振る。そうではない、当初から求めているのは子ども全員の避難だ。

「私たちはとにかく、小国小学校を学校まるごと疎開させてほしかったんです。全校児童57人の小さな小学校。子どもを全員、助けてほしい、避難させてほしい」

母親たちが声をあげて行く中、地域で軋轢も生まれてきた。母親たちの多くは「嫁」という立場だ。義父母から「嫁のくせに騒ぐな」と釘を刺されるばかりか、地元のＪＡ（農業協同組合）からも陰に陽に圧力がかかる。

「騒ぐと、それだけ風評被害が増える」

こんな時だ。初めての住民説明会が開かれたのは。6月10日、市長自ら出向き、住民に何が起きているのかを説明するという。

場所は、上小国にある「小国ふれあいセンター」。

しかし、この説明会に敦子たち小国小ＰＴＡの参加が許されることはなかった。参加者を上小国と下小国の区民会長と副会長、行政区長と班長などに限定した、クローズの会として設定されたのだ。行政区長は地域の代表者、班長も主に年配者が担うのが恒例だ。高齢者だけの集まりで、子育て世代は一切参加が認められないものとなった。

敦子はなんとか、この会への参加を熱望した。子をもつ母の声を市長に届けたい。国にも聞いてもらいたい。制度が決まってしまう前に何としても。

地元の霊山支所に訴えたところ、保原町にある本庁でないとわからないという。そこで敦子は友人と一緒に本庁に電話をして正式に、住民説明会への出席の許可を求めた。しかし、市から返ってきたのは無機質な答えだ。

「今回は区長と班長だけの集まりなので、お母さん方の参加は無理です。不満を聞く場は後日、開くようにしますから」

しかし、そのような場はついに持たれることがなかったと言っていい。唯一、クローズではなく「下小国・上小国地区の住民の皆さんへ」という、全住民へ開かれた会が持たれたのは、6月28日。モニタリングもとっくに終わり、2日後には避難対象となる「地点」が発表されるという、すべてが決まった後だった。

6月10日、午後7時30分、小国ふれあいセンターにおいて、「東京電力福島第一原発事故に関する伊達市による説明会」が開催された。

住民側出席者は、上小国、下小国行政区長、班長。上小国、下小国区民会長・副会長。

市執行部の出席者は仁志田市長、鴫原貞男副市長、佐藤孝之市民生活部長、佐藤芳明産業部長。進行は、菅野正俊霊山総合支所長。

市民生活部長の概況説明の後、市長は対応方針をこう説明した。

国から霊山町が3ヶ所、年間積算線量推定値が20ミリシーベルトを超える地域だと、指摘された。先に石田宝司沢が20ミリシーベルトを超えると発表されたが、計画的避難区域にはしないと国から言われたので、市独自で、計画的避難区域に準じた扱いにして行こうと考えた。

石田宝司沢での経験が、伊達市の「原型」となっていた。

市長は全員が村を離れることになった飯舘村を引き合いに出し、「ここでの生活を望む人、ここでしか生計を営めない人も多数いる」とした上で、市の「方針」を明示した。

伊達市としては、国から計画的避難区域の指定の打診があっても断り、みなさんのいろんな事情をお聞きしながら市として出来る限りの事をしていきたい。みなさんの中には国の指定を求めるお考えもあるかもしれませんけれども、市としましては、国と同じようにやっていく考えでありますので、上小国地区に対しては、石田坂ノ上地区と同じく、自主避難の支援（市営住宅への入居、日赤からの家電6点セットなど）をしていくつもりである。

説明会を行い、住民の意見を聞いて対応を考えるという段取りではなく、すでに出ている市の結論を当該住民の代表に向けて明らかにした会だった。

市長の説明を受けて、意見交換が始まる。

住民のトップバッターとなったのは、上小国区民会長の菅野康男だ。

Q（上小国　菅野康男さん）（中略）やはり、自主的避難というか、石田地区のような形でやってもらえば、我々としても安心できる。学校については、校庭の表土を剝いだが、学校の周辺を除染しないと心配である。

A（市長）やはり全員が強制的避難をしなくてはというのは、いろんな事情を抱えているわけで、本当に困る。それぞれの事情に応じて、計画的避難区域と同じような対応をしていきたい。その意味では、ご賛同いただいてありがたい。

最初からまるで「シャンシャン」、お手盛り会の様相を呈する流れだった。

市長は質問に応える形で、「除染」についてとくとくと続ける。


結果としては、伊達市内全部を除染していくことが必要である。放射能レベルを下げなくては、避難している人たちも戻ってくることができない。セシウムの半減期、放射能が半分になるのは、30年。ほぼゼロになるのは、３００年後。伊達市としては、しかるべき専門の先生の助言をうけながら、除染に取り組むことを目指している。


専門の先生とは、現在の原子力規制委員会委員長の田中俊一(しゅんいち)で、この時点ですでに伊達市中枢部に入り込んでいた。除染についての詳細はのちに譲るが、市長の除染への鼻息が相当に荒いことが、避難を巡る説明会であってもうかがえる。

説明会はすでに、その役割を終えたのも同然だった。これで住民は市の考えを受け入れ、市は住民の同意を得たことになった。

元霊山町議であり、伊達市になってからも市議を務め、地元住民からの信頼が厚い、大波栄之助（当時78歳）はこの流れに非常に驚いた。思わず、大波は声を上げた。

「なんですか？　両区民会長、あんたら2人だけで決めたように聞こえっぺ。ふざけんな」

大波は後にこう振り返る。

「おら、びっくらこいた。両区民会長、大賛成と言うから。〝ジャンシャン〟になりそうで。集まってんのは、年寄りばっかりだがら」

議事録には、大波の発言が記録されている。


Ｑ（上小国　大波栄之助さん）市の意向として、自主避難をさせたいといっているように聞こえるが、この説明会だけで、住民の了解を得たと、市長は判断するのか？

Ａ（市長）この会だけで結論を出すといったわけではない。今日、説明会ですから、市の方の考え方とみなさんの考え方を伺っていって、最終的に市としても決定したい。

Ｑ（上小国　大波栄之助さん）今日の参加者をみると、小さい子どもや小中学生を持つ父兄がいないように見えます。子どもを持つ父兄が一番心配している。こういうことを決める場合は、若い方々の意向に十分注意してやっていただけないと困る。ぜひ、アンケートなどの地区の全員の意見を把握した上で、自主避難等をやっていただきたい。

Ａ（市長）アンケートで皆さんの意向を伺う。多数決で決めるのもやぶさかでない。


この会合には早瀬道子の夫、和彦も実は出席していた。山下行政区の班長だった彼は唯一、就学前の子を持つ親の参加者となった。

会合から帰った和彦は、こう言った。

「アンケートを取ると市長は言ったからな。アンケートで、子どもを持つ親の気持ちもちゃんと聞くと」

高橋佐枝子の夫、徹郎もこの会に潜り込んでいた。

「市長も来ていて、『子どもさんがいる世帯は優先して指定しますから』っていうんで、『おらいは指定される』って、ほっとして帰ってきた。下は中学生だけど、あの時は小学生だったんだから。アンケートもやるって言うし」

しかし、このアンケートはついに一切、行われることはなかった。

翌6月11、12日に電気事業連合会が各戸を訪問、地点設定のためのモニタリングが行われた。測定箇所は玄関先と庭先の2地点を、50センチメートルと1メートルの高さで合計5回測定するというものだ。

原子力災害現地対策本部（放射線班）と福島県災害対策本部（原子力班）が6月10日付けで作成した「環境放射線モニタリング詳細調査（伊達市）実施要領」には、こんな記載がある。

「地点を選ぶ際は、くぼみ、建造物の近く、樹木の下や近く、建造物の雨だれの跡・側溝・水たまり、石塀近くの地点での測定は、なるべく避ける」

避難かそうでないか、住民の運命を左右する根拠となる測定が、「なるべく低い地点を選んで測っている」と住民に言われても仕方のないマニュアルで行われていた。しかも実施主体は、電事連。「そもそも電事連が測定では、泥棒が警察官をやるようなものだ」という声が起きたのも、自然な住民感情だった。

早瀬家の測定値は、庭先50センチで3・4マイクロシーベルト／時。

椎名家では、３マイクロシーベルト／時を超える地点は計測されなかった。小国の中でも比較的低いということは通学路を測定した時から、うっすらと敦子にはわかっていた。

問題は、上小国にある高橋家だ。この中島行政区にある寺、「小国禅寺」はとりわけ線量が高い場所だと、市で認識しているほどだ。

しかし高橋家の測定では、庭先50センチで２・８マイクロシーベルト／時。佐枝子は言う。

「子どもが通るところは毎日、水を流してきれいにしてだの。それが仇になったんだよね。下が石だから、低くなるの。ちょっと離れれば、４とかになる、そこらへん一帯。そこはなんぼ言っても、測ってもらわんにかった」

翌年の11月、除染のために高橋家の敷地内の放射線量の測定が行われた際、雨樋の下、地表１センチで１０２マイクロシーベルト／時、50センチで７・８マイクロシーベルトという、信じられない数字が記録されている。長男が使っていた離れの子ども部屋の雨樋の下が、地表１センチで39マイクロシーベルト、50センチで４・６マイクロシーベルト、１メートルで２・２７マイクロシーベルト。毎日、子どもが通る場所が、事故から１年８ヶ月経ってもこれほどの高線量を呈していた。

６月16日、官房長官が会見を行い、国は「特定避難勧奨地点」という新しい避難制度を発表した。

「特定」の「避難」を「勧奨」する「地点」。何というネーミングなのだろう。「特定の避難」？　避難については「勧奨」に止め、そしてその対象となる「地点」とは？

国の説明はなんともまどろっこしい。前提として強調されるのは、汚染は「面的」ではない＝「限定的」であるということだ。

「当該地点に居住していても、仕事や用事などで家を離れる時間がある通常の生活形態であれば、年間20ミリシーベルトを超える懸念は少ない」

ゆえに、「計画的避難区域とは異なり、安全性の観点から、政府として区域全体に対して一律に避難を指示したり、産業活動に規制をかけたりする状況ではない」と判断するものの、ただし一方で、「年間20ミリシーベルトを超える可能性も否定はできない」。

そのような「地点」を、「特定避難勧奨地点」とすることで、「近辺の住民の方々に対する注意喚起や情報の提供、避難の支援や促進を行う」、新たな制度だという。

この新たな避難制度の対象となったのは南相馬市原町区大原、伊達市霊山町石田、伊達市霊山町上小国（下小国含む）の3地点。

それにしてもわかりにくい。「地点」と「近辺の住民」とは、イコールではないのか。その関係はどうなるのか。「地点」にならなくても、地点の近辺の住民であれば、注意喚起や情報提供、避難の支援を受けられるのか？

実際、運用された実態は「地点」の住民と、「地点でない」住民とは、いくら近辺であっても、明確な線引きがなされ、地点でなければ注意喚起や情報提供も蚊帳の外、避難の支援も促進も全く受けられないという、地域共同体の暮らしをめちゃくちゃにするモノだった。

何より、「地点」かそうでないかの、指定の根拠が曖昧だった。「放射線量」で決まるにもかかわらず、そのモニタリングは住民からの信頼を得る方法で行われたとは言い難い。

では、どんな状況ならば「地点」として特定されるのか。官房長官＝国の説明はこうだ。

「雨樋の下や側溝など住居のごく一部の箇所の線量が高いからといって指定するのではなく、除染や近づかないなどの対応では対処が容易ではない年間20ミリシーベルトを超える地点を住居単位で特定する」

では玄関と庭先が3マイクロシーベルト／時以下の数値だった高橋家の場合はどうか。それ以外のほとんどの敷地が3～4マイクロシーベルトの線量を有するにもかかわらず、たった2ヶ所の測定だけで「対処が容易」と判断されるということか。家の裏では8～9マイクロシーベルトの線量があちこちにあるにもかかわらず。

繰り返すが「地点」かそうでないかを決定する測定が、敷地内のたった2ヶ所なのだ。

その法的根拠も、計画的避難区域が原子力災害対策特別措置法であるのに対し、「一律に避難を求めるほどの危険性はなく」、注意喚起としての支援表明であるので、法律に基づく避難等の指示ではないというのが政府の位置付けだ。なんともすっきりとしない曖昧さを残す。

すなわち避難してもしなくてもよくて、その土地で農業や酪農をしても一向に構わず、ただし「地点」に指定されれば計画的避難区域と同等のものが補償されるという。

この避難の枠組みでとりわけ強調されたのが、「妊婦や子どもがいる家庭の避難」だ。妊婦は明確だが、では、「子ども」とは何歳までを指すのか。

しかし国の関与は、「自治体と相談していく」にとどまる。実際、同じ制度の適用を受けたにもかかわらず、伊達市と南相馬市は全く異なる基準のもと、「地点」設定を進めていくこととなる。

伊達市は「子ども」を小学生以下としたが、南相馬市は「18歳以下」とした。このことにより伊達市では、中高生は避難というセーフティネットから振り落とされ、ことごとく高線量地帯に取り残されることとなった。

4　届かぬ思い

椎名敦子の自宅前に、取材の順番待ちがほどなくできた。マイクを向けられた小国小の母親たちはみな、取材者にこう話すからだ。

「椎名さんなら、いつも自宅にある事務所にいるから。椎名さんならしゃべるよ」

敦子は自分の意思などおかまいなしに、あれよあれよと取材攻勢の渦に巻き込まれていく。

「テレビや新聞の取材の列が家の前にできて、ほんとに馬鹿正直に全部受けていたし、いっぺんにいろんなテレビ局が入ってきて、私、何もわかんないから、話してくださいと言われたら話していた。取材を受けるマニュアルも知らないし、断っていいというのも知らなかったし。もう、〝若いお母さん、イコール椎名さん〟となってしまって」

自分が映っているテレビを一度だけ、見た。

「病気だなって思った。鬱になってたでしょうって周りからも言われたし。あの頃の私、感極まると泣いてしまう。そんなシーンばかりを流されて。今日は話だけ、撮らないって言ってたのに。すっぴんの、化粧もしてないやつ。ひどい」

記者からの話で「勧奨地点」の情報が、切れ切れに入ってくる。とはいえ、当事者でありながら知らされる内容は、あまりにお粗末だ。

小国全体が避難になるのではなく、避難になる人とそうじゃない人に分けられるらしい、避難になると赤十字の避難6点セットと住む場所を与えられるらしい……、結局、伊達市から小国の住民全体に対してきちんとした内容の説明が行われないまま、事態だけが進んで行く。

敦子たち小国小学校のPTAは、「とにかく、お母さんたちの声をまとめて、市に訴えよう」と動き出した。そして、6月17日のPTAの役員会で次のことを決めた。

「保護者の意見をまとめないといけないから、保護者会を20日の月曜日に開こう。その結果をもって、市長への要望書を作成して、市長に直接訴える」

6月19日、この日は日曜。椎名夫妻は子どもと愛犬を連れ、宮城県に保養に出かけていた。週末はできる限り、汚染のない場所で子どもたちを犬と一緒に思いっきり遊ばせようと、一家そろって車で出かけるのがいつのまにか家族の習慣になっていた。

帰り道、敦子の携帯に役員の母親から電話が入る。相当、焦っている様子だった。

「私を取材している、NHKの記者が言うの。明日にも決まるらしいって。だから、すぐに集会を開かないとだめだから。あっちゃん、すぐに帰って来て」

「だって、予定は決めてるよ。明日の夜、保護者会をやるって。会場は週末には取れないから、月曜にやるって決めたじゃん」

「だめだよ、そんなの。明日にでも決まるかもしれないんだよ。だから、今日、やんないと。場所はあたしが取るから、とにかく早く帰ってきて」

小国へと急ぐ帰り道、また電話が入る。

「あっちゃん、19時に集会所を取ったから。そこで集会を開くから、急いで来て」

半信半疑で集会所に行った敦子が目にしたものは、敦子を取材していたのとは別のNHKのクルーたち。テレビカメラや地元紙記者が待ちかまえる中、「はい、あっちゃんはここ」と座らされたのは、会見のテーブルの中央席だった。

「あたしは、PTAの会長でも副会長でもない、ただの役員。そもそもお母さんたちの声をまとめてから、市に訴えるというつもりだったのに、もうぐしゃぐしゃ」

この場に地元選出の市議、菅野喜明も呼ばれていた。喜明にとってもその呼び出しは、唐突すぎるものだった。

ちなみに敦子たち母親にとって菅野喜明という市議は、「私たちの思いをちゃんと聞いて受け止めてくれた、たったひとりの人」だった。喜明は言う。

「椎名さんはかわいそうにいきなり、『あんた、代表やれ』と前面に出されることになった。学校も通さずに、テレビ局とか新聞社を呼んで大々的にやったものだから、学校教育課は『PTAの決起集会だ』と怒り心頭になった。やり方が下手だったと思う。いきなりマスコミというのは、行政は嫌う。だから教育委員会は最初から聞く耳持たずで、全面対決になってしまった」

それでも当時、ＰＴＡの母たちはそれぞれ分担して手際よく動いていたという。敦子はこう振り返る。

「みんな、よくこんなに動けるなというぐらいだった。緊急、緊急の連続だったのに。市長に要望書を出したいと校長先生に相談したら、住民の一番上の人の声が反映されるというので、下小国と上小国の区民会長さんに連絡を取って、月曜の会議に参加してもらう段取りもした」

子どもを全員、避難させてほしいという点では母親たちは一致したが、敦子の最大の疑問である「ここに住んでいいのかどうか」については、誰も触れない。

「あとは、あっちゃんが思ったように書けばいいよ」と、一方的に任された。

「こわかった。そうやって、いろんな負担が全部、自分にきた。マスコミの取材殺到も何もかも、全部が急展開。好きに書けばって、『それ、みんなの意見じゃないよね』って言われたらどうしようって、すごい不安だった」

23日、両区民会長と一緒に敦子は伊達市役所に出向き、市への要望書を提出した。

「お母さんたちはみんな行けなくて、ＰＴＡはあたしだけだった。喜明さんが怒って、『椎名さんだけに任せるのはひどすぎる、誰か来ないのか』って言ったので、急遽、誰か、ひとり来たとは思う」

忙しくて会えないはずだった市長に、この時、なぜか会えた。敦子は思いの丈を訴えた。

しかし、市長から返ってきたのは……。

「梁川はいいよ。梁川がいいんじゃない？」

そういうレベルじゃや、全然ない。

伊達市北部に位置する梁川町一帯は、伊達市の中では線量が低いエリアだ。4月5日に公表された梁川総合支所前の線量は、0・76マイクロシーベルト／時。小国よりは確かに低い。だが、年間1ミリシーベルト以上の追加被曝をする値だ。放射性物質が降ったことに変わりはない。梁川で砂遊びができ、花を摘んでその蜜を吸ってもいいかといえば、あり得ない。

「子どもを守りたい、子どもに線引きしてほしくない、地点ではなく、地域にしてほしいと、思いの丈を市長にぶつけたんだけど、全然響いていない。全然ダメだなーって、すごい疲れて帰ってきた」

敦子たち小国の母親たちが訴えたのは、「子どもたちは平等であってほしい」ということだった。だから「地点」ではなく、「地域」にしてほしいと要望したのだ。

「『地点』になると、避難できる子とできない子が出てきてしまう。それは親としてあまりに切ない。『地域』だったら小さい子から高校生まで、避難したいと思った子が避難できる権利を与えてもらえる」

敦子の母としての必死の訴えを聞く前に仁志田市長はすでに、「特定避難勧奨地点」の指定を望むという市としての考えを、きっぱりと国に伝えていた。

「『特定避難勧奨地点』に係る協議経過」

（伊達市）

平成23年6月20日（月）、18時

現地対策本部・佐藤室長　来庁

（中略）

［調整課題］

国は、住居単位で特定したい。伊達市は、小集落（町内会）を希望

石田坂ノ上、八木平地区は、「計画的避難区域」に準じる地域として伊達市は支援してきた経緯があり、仮称「特定避難勧奨地点」の指定を望む。

この同じ会合を、国はこのように記録する。

「伊達市との打ち合わせ概要（特定避難勧奨地点）」

日時：平成23年6月20日（月）18時～19時30分

先方：伊達市　鴫原副市長、佐藤市民生活部長他（途中から仁志田市長も同席）

当方：現地対策本部　佐藤室長、渡邉

・指定の単位

伊達市としては、小集落（町内会）単位での指定をお願いしたい。具体的には、霊山町上小国中島、本組、下小国松の口、山下、西組、石田坂ノ上、八木平、月舘町月舘相葭（あいよし）の8つ。全部で246世帯。

・その他　仁志田市長の発言

住民が自分で判断する本制度は大変良い。評論家が「国は無責任」と言うが、現状がわかっていない発言だと思う。

乳幼児や子供への影響については、住民も部外者も敏感になっており、「一時疎開してはどうか」と言ってくる者もいる。今回の地点指定を「妊産婦や乳幼児の健康を考えて」という説明は、大人も子供も20ミリシーベルトという基準を置いている以上困難。我々も建前を崩していない。地区の指定についても、「基準があってやる話で、あそこもここもという訳ではない」と説明している。

子供の問題については、どうしても必要ということになれば「避難したい人はバッサリ網をかける」といった別の対応を考えた方がいいかもしれない。

伊達市幹部は「町内会単位で」と国に訴えているにもかかわらず、市長はむしろ、国の方策を歓迎し、「あそこもここもという訳ではない」と、国の意向を先取りしているかのようだ。

6月28日、小国小学校体育館。特定避難勧奨地点の設定まであと2日となった夜、伊達市は初めて、小国地区全住民を対象にした説明会を開催した。小国の住民たちが詰めかけた体育館は立錐の余地もないほどで、今回はとくに若い母親や父親たちの姿が目立った。

マスクをした若い父親がマイクを持つ。

「地点か地点じゃないかという、線引きをしてほしくないんです。小国地区全体が、すでに汚染されているわけじゃないですか」

今度は若い母親だ。

「もしここに残った場合、どんなリスクを背負うことになるのか、教えてください」

答えたのは、仁志田市長の横に座る、国の原子力災害現地対策本部室長の佐藤暁。

「普通に生活していただける分には、国として制約を設けるものではありません。普通にお暮らしいただいて問題はありません」

普通に？　避難か避難じゃないかの瀬戸際に立たされている小国の住民に、国は「普通」という言葉を投げつける。今の小国のどこに「普通」があるのか。もっとも、遠い言葉ではないか。バカにしてんのか！　瞬時にそう思った住民は1人や2人ではない。

敦子がマイクを持って立ち上がる。意を決したように、一息ついて話し出した。

「地点が設定されて、ああ、こんなに待っても、選ばれた子どもしか助けてもらえないんだって、そうなるのが一番悲しくて……」

会場から拍手が起きる。母親たちが大きくうなづく。それは、偽りのない思いだった。もし自分の子どもが、助けなくてもいい子どもとして分類されてしまったら……、思っただけで涙となる。それは悔し涙か、怒りの涙か。涙を振り払い、敦子は気丈に尋ねた。この制度を自分たちに強いろうとしている国に、もっとも聞きたいことを。

「地点に漏れても、その子どもたちを守るために、国はちゃんと手当てをしてくれるのでしょうか」

答えは、感情のかけらもない冷酷なものだった。

「放射線被曝で健康影響が将来的に確認される場合、因果関係を含めて整理されるべきことですが、この場で言いにくいのですが、最後は司法の場の話になる可能性もあります」

瞬時に会場は凍りつく。「もう、何を言っても通じない」とばかり、諦めなのか憤懣やるかたない自嘲なのか、呆れ果てたような苦笑いの連鎖が起きる。

国はこの場で司法を出してくる。不満なら勝手に裁判でも起こせばいい、国は知らないと、つまりはそういうことなのか。この国の本音はそういうことなのか。敦子ははっきりとわかった。

「最後は司法の場でって、それで前向きに生きていけるのか。私たち、好きで浴びたわけじゃない。低線量被曝がどんな影響を与えるか、誰もわからないという。その中で前向きに生きろ、病気になっても誰も責任を取らないって、無理でしょ。リスクは私たちに振って。普通に生きててもがんになるって、バカにしてる。食べ物でがんになるのは自分の責任、でも原発は私の責任じゃない」

これで、終了となるはずだったその時、会場に大きな声が響き渡った。巨漢を震わせ、防災服姿の菅野喜明が腹の底から吠えた。

「ホットスポットが沢山あるんです！　はっきり言ってここは、計画的避難区域にするべき場所なのではないですか！」

そうだー！　会場から一斉に拍手が起き、人々も吠える。

「なんで、低いところばっかり測ってるんですかー！　いい加減にしろ！」

そうだー！　会場の住民が声を上げ、手を叩く。これこそ、住民総意の固い思いだった。

「子どもも産めない！」

会場にいた、早瀬道子も母親たちと一緒に大声で叫んでいた。

国に激しい口調で抗議した喜明はその後、先輩議員から大目玉を食らったという。

「君にも将来があるんだから、そういうことをしてはいけないよ」

住民の思いや母親たちの切なる願いも虚しく、6月30日付けで「特定避難勧奨地点」が設定された。

伊達市霊山町上小国の一部　30地点（32世帯）
伊達市霊山町下小国の一部　49地点（54世帯）
伊達市霊山町石田の一部　19地点（21世帯）
伊達市月舘町月舘の一部　6地点（6世帯）

小国地区で指定となったのは79地点、86世帯、310人。ちなみに下小国・上小国合わせて全426世帯、1389人のうちのほんの一部、多くは小国にそのまま取り残された（11月25日には、霊山町と保原町の13地点［15世帯］が追加指定）。

全校生徒57人の小国小学校で、「地点」となり避難の対象となったのは21人。「子ども」は優先して、避難対象とさせるのではなかったか。少なくとも、伊達市は「子ども」を小学生以下としていたはずなのに。

小国小学校でも石田小学校でも霊山中学校でも、児童・生徒は2種類に分類されることとなった。敦子は怒りを隠さない。

「57人中、21人。そういうのが成り立っていいのか。絶対にあり得ない。小国小という限られた人数の中で分けられちゃったというのが、本当に人をバカにしてる。ここで生きて行く私たちのコミュニケーション、どうしてくれるの？　普通に会うでしょ。参観とかで」

敦子も高橋佐枝子も、指定から漏れた。佐枝子の次男・優斗は少なくとも、事故当時は小学生だったのだ。それが「地点」設定時には中学生になっていたから、対象外だというのだろうか。

のちに佐枝子の友人で、中高生の子どもを持つ親たちに話を聞いたことがあった。母たちはみな、息子や娘たちが半ば、自暴自棄になっていると嘆いた。

高校生の息子がこう言って、母に反抗する。

「うっせーな！　気をつけろとか、放射能のこと、いちいち言うな。俺はどうせ、結婚できねえんだから、じいちゃんの作った野菜を食うぞ！」

中学生の娘はきっぱりと言う。

「だって、私、結婚できないから。もう、どうでもいい」


市議の菅野喜明が、「文部科学省及び米国ＤＯＥによる航空機モニタリングの結果」を示す。原発から80㎞圏内のセシウム１３４、１３７の地表面への蓄積量の合計が色分けされたものだ。

4月29日と5月26日のモニタリング結果には、小国地区にセシウム１３４と１３７の地表面への蓄積が１００万～３００万ベクレル／㎡を表す、「黄色」の飛び地がくっきりとある。これは飯舘村と同じ色だ。

それが7月2日のものになると、小国から「黄色」の飛び地がなぜか消え失せ、30万～60万ベクレル／㎡を表す薄いブルーと化している。

「あれ、小国は飯舘村より急に2段階下のレベルになっている。ずいぶん下がったんだと思って測ると、高いんですよ。それがこの年の11月5日の計測結果のものだと、また元の黄色に戻っている」

7月初めから11月初めまで、この4ヶ月の間に何があったのか。

6月30日に、小国には「特定避難勧奨地点」が設定されている。これが、キーとなっているのは間違いない。

その後、かつて小国村の一部だったが福島市に編入された大波地区でも、住民たちは小国と同じ汚染状況である以上、小国同様、「特定避難勧奨地点」の設定を求めたが、ついに認められることはなかった。大波地区に隣接する、福島市渡利地区も同様だった。

喜明は、こう見ている。

「問題は、県庁です。小国から県庁まで直線で7キロ、裏道を使えば20分で行ける。ここを計画的避難区域にしてしまうかが、県と国の悩みの種だった。まさに、小国は県庁の喉仏ですよ。小国を計画的避難区域にすれば、渡利地区だって同じぐらいの線量ですから、ここもそうせざるを得ない。こうして避難が福島市に及んだら、何万人もの人間を避難させないといけなくなる。その人たちをどこに避難させるのか。当然、県庁も所在地を動かさざるを得ない」

小国はすなわち、福島市の防波堤だった。

福島市も面的な避難が必要なのだという事態に至らせないために考え出された、それは苦肉の策だった。

5　分断

7月2日、「早瀬和彦」宛の郵便物が早瀬家に届いた。
「特定避難勧奨地点の設定に係るお知らせ」と題した、伊達市長の名による7月1日付の通知。

「原子力災害現地対策本部長より以下の地点が『特定避難勧奨地点』に設定されたとの通知がありましたので、お知らせします」

伊達市は「地点」の住民にこう呼びかける。
「地点」として指定されたのは、早瀬家が暮らす場所だ。居住者でも家でもなく。

「このお知らせにより即時に避難を求めるものではありませんが、特に妊婦や子供のいるご家庭等におかれましては、避難をご検討くださいますようお願いいたします」

そのため「地点」それぞれに避難の意向を問う、返信用の「意向調査票」も添付されてあった。原子力災害対策本部原子力被災者生活支援チーム名による「『特定避難勧奨地点』での生活について」という通知も同封されてあった。

国は「この地点に継続して居住しても差し支えありません」の部分に下線を引いてまで、避難しなくてもいいのだということを強調。避難しない場合の生活上の留意点を14項目列記し、作業や業務を行う際の注意事項を具体的に記す。

この通知が送られてきた世帯だけが、「地点」となったのであり、指定から漏れた世帯には何の通知もない。通知を受け取った瞬間、道子は思った。

「もう、だめだ。こんなところにいれない。1分1秒でもいることが耐えられない」

夫の和彦も同じ気持ちだった。こんな場所に子どもたちを置いておけるわけがない。1時間だって1分だって、ここにはいてはいけないんだと、この紙はそう言っている。

横浜にいる兄に「地点」になったことを伝えたところ、まずは実家のある梁川に逃げろとアドバイスがあった。こうして道子たち一家は、通知を受け取った翌日の7月3日に小国を離れる。

2日の夜、避難すること、すなわち、この小国の家を出ることを子どもたちに伝えた。

「放射能がここはものすごく高いから、危ないから、引っ越すよ。ばあちゃんだけ、ここに残るから」

龍哉は小学2年生、玲奈は幼稚園の年中、駿は年少。下の2人は訳がわからないとぽかんとしていたが、引っ越すと言った瞬間、龍哉は「いやだー！」と泣き叫んだ。

「なんで、引っ越すの！　せっかく、みんなで暮らせるようになったのに！　ばあちゃん、どうすんの！　犬は！　猫は！　いやだ、いやだ、いやだー！　オレ、転校すんの、絶対にいやだー！」

これほどまでに取り乱してキーキーと声を上げ、大泣きする息子の姿を見るのは、道子には初めてのことだった。その小さな胸に、どれほどの思いを溜め込んできたのだろう。

事故以来、外で遊ぶことを固く禁じられ、学校へ行くのも誰かのお母さんの車に乗るしかなくて、花を摘んでもいけなくて、草の上にゴロンとしてもいけなくて、大好きな猫の背中を撫でるのも、犬の背中の日向のいい匂いを嗅ぐのも絶対にダメだと言われ、お父さんとお母さんは口を開けば放射能の話しかしてなくて、それも自分にはわからない、ベクレルとかシーベルトとかカタカナばかり。2人でコワイ顔をして、ケンカのように言い合って……。

「龍、ごめんね。ごめんね……」

道子は抱きしめることしかできない。

「お父さんとお母さんは、あんたらを守りたいの。一番、大事だから。それには、ここにいてはダメなんだ。ここは、ものすごく高いんだ。避難してくださいとお便りがきたんだよ。だから、どうやっても引っ越すよ」

龍哉はしゃくりあげながら、必死に訴える。

「オレ、転校だけはいやだ、したくねー。転校だけは絶対にいやだー！」

道子にとって避難とは、県内ならできるだけ線量が低い場所、できれば県外こそがベストだった。だが目の前の龍哉の必死な訴えにせめて、その切なる願いだけは叶えてあげないといけないと思う。そうじゃないと、この子の心が壊れてしまう。

「龍、わがった。転校はさせねがら。引っ越しても、小国小に通うからね」

ほっとしたのか、龍哉は泣き疲れて眠りについた。

夜、引っ越しの荷作りをしながら、道子は涙が流れてくるのを抑えることができなかった。食器を一つひとつ新聞紙に包んで、箱に詰める。家族全員の服だって相当な量だ。

「あたし、なんで、こんなこと、やってんだべ。汗かきながらふうふう言って。この大荷物を箱に入れて運んで、また棚に出して……。もう、なんで、こんなこと、しなくちゃいけないの？ 何か、あたし、悪いことした？ これって、何かの罰なの？」

悔しくて、あほらしくて、涙が頬を流れ落ちる。でも……と、道子は思うのだ。

「うちは、避難できるんだ。学校のクラスの中で、避難できない子だっている。なんで？ 龍哉は避難ができて、あの子はできないの？ こんなに心が苦しいってことある？」

7月4日から夏休みが始まるまで、道子は毎日、子どもたちを小国まで送迎した。梁川から小国まで片道25分、小学校は8時、幼稚園は9時スタート。まず3人の子どもを乗せて小学校へ行き龍哉を降ろし、梁川に戻り幼稚園児2人に朝食を食べさせて、霊山町中心部にある幼稚園まで送る。

放課後、龍哉が小国の友達と遊びたいとなれば、友達の家へ送り届け、夕方に迎えに行く。住んでいる梁川には友達どころか、知っている人は誰もいない。家に帰れば、子どもたちにはゲームしかない。

実家には移ったが、ずっとここにいるつもりはなかった。たまたま実家があった場所は、0・2マイクロシーベルト／時と堰本でも線量が低い場所だった。しかし、近所には5マイクロものホットスポットもある。

「ほんとは県外に行きたかったんだけど、龍哉を転校させないとなると、通学のタクシーの支援をしてもらうしかなくて……」

「地点」になった世帯対象の個別相談会で市から言われたのは、タクシーの支援は伊達市内に限るということだった。

「市外に避難するなら、通学のためのタクシー支援はしない。自主避難のような形になると伊達市は言う。ああ、そういうことかって思った。伊達市から、子どもを逃がさないってことなんだって」

小国からは出す（＝避難させる）が、子どもたちはちゃんと伊達市内においておく。こうして「地点」となって避難を選択した子どもたちは、市が手配するジャンボタクシーやバスに乗って、日中は小国小までやってくることとなった。一体、何のための避難なのか。「地点」になったところで、転校を望まない限り、子どもたちは日中、高線量の場所で過ごすのだ。

小国に残された子どもたちのために、市は通学用にスクールバスを走らせることにした。子どもが徒歩で学校に通えないという場所に、あらゆる手段と金を使って、伊達市は子どもを縛りつける。

腹をくくるしかなかった。こうなれば、伊達市で最も線量が低い場所を選ぶしかない。それは梁川だ。そして食べ物に気をつけ、マスクをさせ、外を歩かせず、放射性物質を極力吸い込ませないようにすることだ。

しかし梁川に残っている民間の借上げ住宅で、５人家族が住める物件は皆無だった。浜通りと飯舘村からの避難者で市営住宅も民間も満杯、残っているのは１Ｋばかり。

しょうがなく、堰本の実家で暮らしていたが、借上げ住宅に住んでいない以上、それは「自主避難」の扱いになるのだという。

地点に指定されて避難した場合、「計画的避難区域」同様の補償がなされるはずが、早瀬家はその対象外とされていた。

ちなみに、「特定避難勧奨地点」の優遇措置は以下の通りだ。

市県民税、固定資産税、国民健康保険税、介護保険料、後期高齢者医療保険料、国民年金保険料、電気料金、医療費の全額免除。

避難費用、生業補償、家賃補助、通学支援、家財道具、検査費用の支給、日赤から家電6点セット（30万円相当）が支給される。義援金、援助物質を受け取る権利もある。

賠償として、東電から精神的慰謝料として家族1人あたり、月10万円。これは避難してもしなくても支給される。

「勧奨地点で地域がバラバラになんかなりたくなかったけど、あっという間になった」

さらりと語る椎名敦子の顔に、苦渋がにじむ。「あれほどがんばったのに、私にはがんばった結果が返ってきていない」と自嘲気味に笑いながら。

椎名家には待てども、市から通知が送られてくることはなかった。夫の亨はこう言った。

「勧奨地点でやっと、ヘリコプターが見えたと思ったら、俺んちの前、素通りして行った」

指定から漏れた母親が、泣きながら電話をかけてくる。「私たちが求めたものは、これじゃない。小国小の子ども全員の指定なのに」と。だけど泣いていてもしょうがない。今こそ、なんとかしないと。7月に入ってすぐ敦子たちは、学校で署名活動を開始した。

しかし、まとまって動いてきた母親たちの間に、すでに亀裂が生じていた。

「国が決めたことなんだから、覆すことなんてできないよ。やっても無駄だよ」

勧奨地点になった母親がこともなげに言う。今こそ頑張らなきゃと、必死で動く母親たちの足をそうやって露骨に引っ張る。きっぱりと協力を拒むのだ。

「署名を集めるのもイヤだから」

敦子にこう言い放ったのは、宮城県への保養の帰りに、電話で集会所へ来いと呼び出した母親だ。

「その人が悪いわけじゃない。すべては勧奨地点のせい。でも、どうなの？　って思う。子どもを守ろうとその一点で一致していたのに、地点になったらゴールなの？　私たちはそれ、ゴールだと思ってないし」

署名活動は、地点にならなかった母親たちが率先してやっていくしかなくなった。そんな姿を遠巻きに眺め、どう思っているのかわからない母親や父親たちがいる一方、激しい言葉で妨害してくる保護者もいた。

「何の権限で、子どもの班の名簿を使ってんのよ！　勝手に使っていいわけないでしょ！　学校の許可はちゃんと取ったわけ？」

その名簿をもとに、署名をお願いしていただけなのに……。これが、一番つらかったと敦子は振り返る。協力を拒否するだけならともかく、「地点」になった親たちが、敦子たちの足を引っ張るという構図ができあがってしまったことが……。

「みんなで、この指定はおかしいという意志を示したかった。だけど、あんなに一致していたのに、バラバラになるのは簡単だった」

この頃、敦子たちの必死な思いと裏腹に、仁志田市長は国との面談に、このように語っている。

伊達市長との面談概要について

日時：7月12日（火）15時30分～17時30分
出席者：仁志田市長、鴫原副市長、佐藤市民生活部長
富田審議官、佐藤室長、渡辺補佐

仁志田市長のコメントは以下のとおり
〈勧奨地点の設定方法について〉

地域でなく住居毎の設定によりコミュニティが崩壊するとの意見があるが、畑や牛の世話など好きなことをするために毎日帰ってきて良いのだから、指摘は当たらない。避難について住民の自由意思で決めることができる点において、今も基本的に良い制度であると思う。その考えは変わっていない。

〈中略〉

〈賠償や支援について〉

住民の不満については、子どもの避難等よりも賠償問題が根底にある印象を受ける。例えば、避難して赤十字から家電6点セットをもらってまた元の住居に戻ってくるとの噂話や、小国地区の世話役のところに住民が飯舘村の住民はいくらもらったとの話にくるとのこと。

仁志田市長が国に直言するのはただただ、住民たちのエゴだ。

敦子は疲れ果てていた。テレビに出たのも、他の親たちが皆、お鉢を敦子に回したからであって、決して自分の意思ではない。そうであっても子どもたちを守りたい一心で自分なりにがんばったけれど、残ったのはむなしさだけ。震災前より体重が5キロも落ち、もともと華奢な身体が、やつれるという表現がぴったりなほどになっていた。

夜は会合の連続で、子どもと過ごす時間もない。取材は、一家そろっての夕食時でもおかまいなしにやってくる。それでもここまでやれたのは、義母の理解があったからだ。義母はひとりで家族全員の食事を作り、孫の世話をしてくれた。

そんな義母に、近所はこう言ってきた。

「あんだのどこのお嫁さんは、あんなにテレビに出て、そんなに金が欲しいのがい?」

7月5日、小国地区の住民は住民集会を開催、「特定避難勧奨地点」は地域のコミュニティを壊すおそれがあるとして、「特定避難勧奨地点」の指定を、「特定避難勧奨地域」として変更するよう、住民の意向を「要望書」にまとめた。希望する全住民の避難、全世帯の測定結果の公表、除染、早急な健康診断などの具体的要望が掲げられた。

提出先は内閣総理大臣、経済産業省大臣、内閣府原発事故担当大臣、文部科学省大臣、原子力現地災害対策本部長、福島県知事、福島県議会議長、伊達市長、伊達市議会議長。地区住民の署名を添えて提出されたのだが、小国地区住民約1400名のうち、1144名もの人が名を連ねた。いかに小国地区全体がこの制度に対して不服であり、怒りを持っていたかの証左だった。

7月25日、小国から3台のバスが東京へ向かった。政府と東電に対して、小国の住民たちの意志を示す抗議行動を行うために。住民不在で決まった制度、とりわけ説明会を開く時点で決まっていたことが、小国の住民にとっては憤懣やる方ない思いだった。

大波栄之助も高齢の身体を押して出かけた。

「みんな、実費で行った。国会議事堂までデモをかけたんですよ。納得してないから」

筵旗(むしろばた)に赤や黒のペンキで書かれた文字が、住民の怒りを示す。

「東電は、われわれを殺す気か」

「小国のきれいな水・土・空気を返せ!」

後方に「小国の子どもたちを」と、子どもの避難を願う、母親たちの黄色い旗も掲げられた。

その中に、敦子の姿もあった。

「あれよあれよという間に行くことになったんだけど、声を上げても虚(むな)しいだけだった。建物に向かって叫んだだけ。東電も国も、ちゃんと会ってすらくれなかった」

ある時、ママ友と一緒に病院へ行った。会計の際、自分は払うが、「地点」である彼女は医療費を払う必要がない。

「ああ、こういうことなんだってわかったんです。こういうこと、これからきっと、いろんな場面でいっぱい出てくる。これからずっと勧奨地点との差を目の当たりにしながら、私、平気でいられるかって思ったら、不安しかなかった。これは、国が勝手に作った制度で感じる差だからと言い聞かせるしかない。でもあたし、ここで生きていくには、仏さまみたいな広い心がないと無理かなって思う」

勧奨地点に意味はない。ただ、汚染されて危険な土地だとわかっただけ。わかったのに、私たちは何もされていない。地点にならないということは、中途半端な飼い殺しだ……。

何が最も悔しいのか。もちろん、すべてだ。なんで？　という思いが敦子には拭えない。

「放射線量が高いとわかった時に、なぜ、誰も助けてくれなかったの？　なんで、私たち弱い人ばかりが状況を受け止めなさいと言われるの？　私たち、ただここにいて、生活していただけなのに。訳がわからない未来を、なんで背負わなきゃいけないの？　国も東電もリスクを背負わないで、重大な事故が起こったのにきちんと反省もしてなくて。私たちは運悪く、放射能をかぶってしまったねって、それだけなの？」

「『地点』かそうでないか、決定だけで天と地に別れる。なるかならないかで、雲泥の差。なってほしかった。やっぱり、子どもを避難させたかった……」

高橋佐枝子は唇を嚙む。夫の徹郎は納得できず、何度か市の放射能対策課に出向いている。

「なんで、うちは（指定に）なんないんですか？」

答えは、一言。

「はあ？　なんで、ですかね？」

徹郎は言う。

「『はあ？』で、ブチ切れた。基準がない。1（マイクロシーベルト）でなってる家もあるし。役所は個人情報がどうので教えられないって言う。何、言ってんだ。こっちは当事者だべ」

伊達市ではラチがあかないと、徹郎は県に向かった。県庁で、担当者に問うた。

「なんで、うちは指定になんないのですか？」

担当者は機械のように、同じフレーズを繰り返す。

「私どもでは、わかりません」

不当さを持っていく場所も、事情を聞いてくれる人間もいない。指定か、指定でないか。それだけで天と地ほどに引き裂かれるというのに。必死の訴えに県職員はまともに耳を貸そうともしない。ならば、こう吐き捨てるだけだ。

「ここは、何県だ？　福島県？　いんねん（要らない）でねえが、ほだ（そんな）県」

高橋家は田畑に囲まれて建つが、玄関からぐるっと見渡せば視界に入ってくる5軒の家が、地点に指定されている。台所の窓から見える、後方に建つ家2軒もそうだ。今まで何も気にしなかった風景が、全く違うものに変貌した。

田んぼの畦道の向こうの正面には、市議の菅野喜明の自宅がある。2軒隣は指定となったが、菅野の家も地点から外れた。佐枝子が言う。

「隣は、赤ちゃんがいるからしょうがねべなって思う。そんでも後ろの家は、年寄りしかいねのになってっから。なんで70、80の人間が守られて補償もされて、うちの10代は何の補償もないのかってのは、今も理解できない。年寄りが毎月、補償金をもらって避難もしないで、普通に生活してるのを見るだけで、ひどく苦しかった」

徹郎も時に、はらわたが煮えくり返りそうな思いにかられた。

「夜、酒飲んでっと、あのU字溝の向こうは補償されてんだって思うと、たまんなぐなる。ギリギリって胃が痛くなるんだ。避難して仮設住宅で大変な思いをしてんなら、気の毒だと思う。違うんだよ。昼間、年寄りが前と変わらず、キュウリ作ってんだがら。平気で」

「地点」の特徴はその場所で前と変わらず、産業活動ができることだ。笑い話にもならないが、テレビがこんなシーンを拾った。

「おじいさんは、避難しないのですか?」

「俺は、キュウリを作らないとなんにがら、避難はしません」

人々が避難を「勧奨」された土地で、農作物を作って出荷する。これほどシュールな光景はあるだろうか。佐枝子は怒りを隠さない。

「指定になんなかった時点で、『あんたの子は要らないよ』って、そう言われたのと一緒。あんどき、はっきりとそう思ったがんない」

母親に、こんな思いをさせていいわけがない。これほどの屈辱と怒りがあるだろうか。大切に育ててきたわが子に対する、最大の侮辱であり、その人格すら否定するに等しい。

「地点になってたら、ばあちゃんの介護も保障されるし、実家の五十沢(いさざわ)に、堂々と子どもを連れて避難できた」

佐枝子の実家がある五十沢は、梁川町の中で阿武隈川の対岸に広がるエリアだ。背後は宮城県白石市や丸森町という伊達市の北端で、線量も低い。

佐枝子をさらに苦しくさせるのは、指定の基準がはっきりしないことだった。

「3・2というその数字で、決められたかどうかもわからない。うちより低くて、一番下が高校生でも、子どもがいない単身男性でも、指定になってっから。南相馬みたいに、基準がはっきりしていれば、こんなもやもやはないのに」

この南相馬との基準の違いについて、9月の定例会で市議、菅野喜明は質問に立った。

南相馬市の指定基準は「地上1メートルで3・0マイクロシーベルト／時、子ども・妊婦基準は地上50センチで2マイクロシーベルト／時」。そもそも「子ども」は高校生以下だ。対して、伊達市は「地上1メートルで3・2マイクロシーベルト／時、その周辺で子ども・妊婦のいる世帯」。繰り返すが、伊達市では「子ども」は小学生以下とされた。

南相馬市の基準でいくと、高橋家は線量でも「子ども」という条件でも、完全に「特定避難勧奨地点」の指定に当てはまる。

Q（菅野喜明） 同じ状況にあるのに南相馬市と伊達市の子どもの命や健康の価値が違うのはおかしい。市長は国に強く追加指定の申し入れをするのか。

A（市長） 我々市町村と国と県というのは、行政については一体で当たっているので、

そういう意味で申し入れとか、抗議という問題ではないと考えています。

質問をはぐらかしただけ、回答になっていない。国の制度なのにもかかわらず、住んでいる自治体によって「天と地」の差を強いられる。こんなことが、あっていいのだろうか。しかも子どもの命や健康にかかわることだ。

この点について2016年7月8日に、南相馬市、桜井勝延市長が取材に応じてくれた。桜井市長はこう語った。

「特定避難勧奨地点の話が来て、最初の避難指示と同じく3・8とか言ってきた時点で、子どもだったら背が小さいわけだから、50センチで2マイクロあれば、そこは指定すべきじゃないかと、俺は国に提案した。子どもについて、大人と同じ線量っていうのはあり得ないでしょうって。そして、『子ども』というのは当然、18歳以下だろうと」

桜井市長は明確に、「子どもを大人と同じに考えてはいけない」と国に提案している。

対して伊達市はどうか。このことについて2014年1月27日、市民生活部の放射能対策課の責任者である半澤隆弘に、南相馬市との基準の違いについて尋ねた。半澤は私の質問に開口一番、こう言った。

「基準の違い？　わかりません、われわれには」

――国に、抗議はしていないのですか？

「言いましたよ、もちろん。なぜ、ダブルスタンダードなんだと」

――南相馬市では、中高生が守られています。

「それは文句を言いました。だって向こうは、後出しじゃんけんなんですから。国に文句も言いましたし、抗議もしました。なんで、南相馬と違うんだ、こっちも同じにしてくれと。国に聞いてくださいよ。それぞれの事情があって、そういうふうになりました」

――国とのこのやりとりは、書面になっているのですか？

「なってないですよ。電話ですから。国の制度で、うちのほうで基準は決められなかったのですから。市長ももちろん、知ってますよ」

あくまで伊達市は、基準を決めたのは国だという立場を貫いている。

6　除染先進都市へ

伊達市という同じ空の下に住みながら、驚くことに、隣接する保原町に暮らす水田家にも川崎家にも、「特定避難勧奨地点」の「特」の字すら伝わってはいなかった。

もっとも川崎真理は、実父の急死という予期せぬ事態に翻弄されるばかりの日々にあり、放射能のことすら眼中になく、新聞を読む余裕もなかった。

そんな川崎家に比べれば、放射能への警戒を意識し始めていた水田家なのだが、状況は全く変わらない。小国や石田に行こうと思えば、車で10分ほどの場所にいたというのに。

水田奈津が「特定避難勧奨地点」という言葉を初めて知ったのは、２０１２年に早瀬道子と知り合いになってからだという。

「小国がそんなに大変なことになっていたなんて、道子さんに聞くまでは知らなかった。私、福島の出身だから、小国も霊山もよくわかっていないってこともあるんだけど」

保原で代々続く農家生まれの渉も、妻と同じだった。

「そんなの、ニュースでやってだっけ？　テレビで小国のことは見たことなかったから」

東京にいた私がテレビで小国の状況にかぶりついていたことを話すと、渉も奈津も首を振る。

「じゃあ、地元ではやんながったのかもね」

同じ伊達市民でありながら、この驚くべき乖離は旧5町が合併してできた、急ごしらえの自治体ゆえのことだろう。保原町の住民にとって霊山町の出来事は、国よりはるかに遠い場所でのニュースなのかもしれない。

しかし、7月4日、大々的に報じられたこのニュースだけは今回取材に応じてくれた人々だけでなく、伊達市民の多くが明確に記憶していた。

この日、「伊達市」の文字が、地元紙「福島民友」の1面トップに躍り出た。


「伊達市　全域を除染」

「長期間の計画策定方針」


伊達市は、民家や公共施設、道路や山野までを含めた市全域（約265㎢）の放射線量低減を目標とする除染計画を策定する方針を固めた。専門家の助言や市民の協力を求め、長期間にわたる計画としたい考え。除染計画策定に向けて市内の詳細な放射線量を把握するため3日、同市の富成小で専門家と除染作業を実施、除染前後の放射線量データを測定した。計画策定後は専門の実行チームを発足し、本格的な除染作業に乗り出す。

「市長『何年かかっても』」

（中略）

同市の世帯数は5月末現在で2万1840世帯。民家の除染だけでも多額の費用が必要となるが、市は当面、費用を負担し、最終的に東京電力、国に請求する方針。

仁志田昇司市長は「何年かかっても除染する必要がある。まずは計画を固め、市民が生活する場所から優先して除染したい」と話している。

同紙は社会面の19面に、関連記事を載せている。その見出しはこうだ。

日常に安心戻して

伊達市　全域除染へ

「やるならすぐ」

しかも同日、伊達市民はテレビの画面でも、「自分たちの」ニュース報道に接するのだ。

２０１１年7月4日、17時25分、ＮＨＫニュース。

「福島・伊達市　市内全域で除染作業へ」

局地的に放射線量の高い地点があり、一部が「特定避難勧奨地点」に指定されている、福島県伊達市は、住宅地だけでなく、道路や山林も含めた市内全域で、今後、放射性物質を取り除く除染作業を行う方針を決めました。

東京電力福島第一原子力発電所から北西に50キロほどの福島県伊達市は、一部の地点で放射線量が高く、政府は先月30日、市内の１１３世帯を「特定避難勧奨地点」に指定し、避難の支援を決めました。

しかし、伊達市は、指定されなかった世帯も含めて住民が受ける放射線量をできるだけ低くしようと、市内の全域を対象に、放射性物質を取り除く除染作業を行う方針を決めました。除染作業は住宅地や学校の周りだけでなく、道路や山林なども含めて行う予定だということです。

伊達市は、職員や専門家らで作るプロジェクトチームを発足させ、今後、具体的な除染の方法や作業の手順や開始時期を検討することにしています。

また、伊達市は当面、除染の費用を市で負担することにしていますが、最終的には東京電力や国に負担を求めていくとしています。

伊達市の仁志田昇司市長は「住民が住むところから優先的に行って、最終的には山林も含め除染していきたい。何年かかろうと、市内全域を除染して、安心して暮らせる伊達市

を取り戻したい」と話していました。

水田奈津は福島民友新聞と夕方のニュースをくっきりと覚えている。奈津は心のなかで思わず、快哉を叫んだ。

「伊達市、やるじゃん。実家の福島市からもまだ、除染の『じょ』の字も出てないのに」

父の死の悲しみにくれるばかりの川崎真理の耳にも、この一報は飛び込んできた。真理は確信した。

「伊達市、ちゃんとやってくれるんだ。今は父のこと、残された母のことだけで手一杯でバタバタだけど、伊達市に任せていれば心配ないんだ。広報でもちゃんとお知らせしてくれるし。福島市より、ちゃんとやってくれている。伊達市民でよかったかも」

私の幼なじみで離婚して梁川の実家に戻り、母と独身の弟と3人暮らしの河野直子もやはり、母と一緒にこのニュースを見ていた。80代半ばの母に、直子は話しかけた。

「ばあちゃん、伊達市、山から全部、除染すんだとよ。ほだごと、でぎっぺがね。でもやってくれるって言うんだから、ここもやってもらわねどね」

早瀬道子には、伊達市への不信感がくすぶっていた。数ヶ月間、市から何の注意喚起もなく、高線量に晒(さら)されてきた身だ。大々的な報道にも懐疑的にならざるを得なかった。

「お父さん、伊達市、『山から全部、除染する』ってよ。本当にできんのかね。だけど、この市長の言葉は覚えておかないとね」

高橋佐枝子も、夕食の仕度の手を止め、聞き耳を立てた。

「伊達市は、山の上から全部、除染すんの？　この小国の山も全部がい？　ほだごど、でぎんの？」

椎名敦子も道子や佐枝子同様、「市長の英断」を手放しで喜ぶことはできなかった。

「除染をやるのはいいけど、じゃあ、せめて除染期間中は子どもをよその場所に移して、きれいになってから戻してほしい。除染が行われる場所で、子どもたちの学校生活が並行して行われるなんてあり得ない」

しかし、またしても敦子の思いが叶うことはなかった。

水田奈津が言うように、まだ「除染」という言葉が一般化していない時期のことだった。

4月末、他市町村に先駆けて小国小学校と富成小学校、富成幼稚園の校庭の表土を剝ぎ取った試みは、「除染」ではなく、「表土除去」という言葉が使われていた。

5月18日には、この試みについて仁志田市長は衆議院の文部科学委員会に参考人として招聘され、線量低減の効果について説明している。それほど、伊達市の試みは先駆的なものとして評価された。

6月になると、伊達市は特定避難勧奨地点で大荒れとなるのだが、前述したが、6月10日に「小国ふれあいセンター」で行われた説明会において、仁志田市長は「除染」について相当に踏み込んだ発言をしている。

「小中学校も幼稚園も保育園も表土を剝ぐのは、決めている。高圧洗浄機で、校舎を洗っ

たり、クーラーをつける。線量計をつけさせる」

市長はこの会の最後に、小国の住民代表に当初「しかるべき先生」とだけ話した人物の、フルネームを挙げている。

「アドバイザーとして、田中俊一先生に来てもらう」

現・原子力規制委員会委員長、田中俊一が正式に伊達市の市政アドバイザーに就任するのは7月1日、市長が公に「全市内除染宣言」をしたのは7月4日だが、すでに6月初旬段階で、伊達市は「徹底的に除染を行う」ことを、放射能対策の主眼と決めていた。それは田中の知見を得たことが大きかった。

ちなみに国が除染の方針とガイドライン策定に向けて動き出したのは、同年8月のことだ。原子力災害対策本部が8月26日に「除染に関する緊急実施基本方針」を発表、30日に公布された「放射性物質汚染対処特措法」(以下、『特措法』、全面施行は2012年1月)が、除染についての骨格を成す法制化となった。

この特措法において国が直接除染を行う「除染特別地域」と、市町村が除染事業を行う「汚染状況重点調査地域」が設定されたが、伊達市はその汚染状況から後者に指定。すなわち、除染事業は市が行うとされた。

このような除染をめぐる国の動きに先立つこと2ヶ月余り、福島の一地方都市でしかない伊達市が全国に向けて高々と「全市除染」を宣言できたのは、田中俊一がバックについてくれたからに他ならない。

田中は1945年1月、福島市生まれ。小学校時代を伊達郡伊達町（現・伊達市伊達町）で過ごしたという、伊達市とはそもそも縁があった人物だ。

中高時代は会津で過ごし、東北大工学部を卒業後、日本原子力研究所（現・日本原子力研究開発機構）に入所、原子炉工学部遮蔽研究室長、東海研究所副所長を歴任、2006年に日本原子力学会会長、内閣府原子力委員会委員長代理を経て、福島原発事故当時は「NPO法人放射線安全フォーラム」副理事長と、一貫して原子力畑を歩んできた。

「放射線安全フォーラム」は以後、伊達市にとって重要なパートナーとなるのだが、2007年に設立されたこのNPOは、このような使命を帯びている。

「広く国民に対して、放射線安全に関する科学技術・知識の研鑽と普及・啓発及び政策提言・指導並びに助言と調査に関する事業を行う」

「放射線安全」という考えを大前提に、理事長や理事、監事や顧問に放射線影響協会、放射線技術科学科教授、放射線医学総合研究所の研究員などの研究者のほか、「株式会社千代田テクノル」や「アロカ株式会社」など放射線や原子力関係のメーカーも名を連ねる。

とりわけ「千代田テクノル」は田中のアドバイザー就任後、伊達市への「個人線量計＝ガラスバッジ」の供給を一手に引き受ける企業となる。その業務は「医療、原子力、産業分野全般そして線量計測、線源まで」を謳う。

田中が伊達市とのパイプを築く前の5月、田中をチームリーダーとする同フォーラムの一行は飯舘村に向かった。そこには田中が規制委員会委員長就任後、後継者として伊達市アドバイザーとなる同フォーラム理事・多田順一郎もいた。チームは「千代田テクノル」、原発の保守管理を業務とする「株式会社アトックス」、日本原子力研究開発機構、茨城大学などの有志で編成され、飯舘村で最も放射線量が高い「長泥」地区にある、区長宅を拠点に、家屋、畑、水田などの除染作業の実験を行った。

5月19日から2日間かけて行われた、この除染の実験の目的について多田順一郎は『エネルギーレビュー』誌（2011年10月号）で、こう記す。

「人手を掛けさえすれば、居住者の受ける放射線の量を十分下げられ、農地の汚染も耕作可能なレベルまで下げられると実証すれば、いつかは故郷を取り戻せるという希望を、人々が失わずに済むだろう」

後に除染に過度な期待を抱かせたことを「反省」する多田が、ここでは明確に除染に「希望」を見ていた。

田中俊一の協力を得た伊達市は6月27日、「東日本大震災放射能健康管理対策プロジェクト・チーム」と「東日本大震災放射能除染対策プロジェクト・チーム」を発足させる。すなわち放射能対策の2本の柱を、「健康管理」と「除染」に据えたのだ。

「除染」の責任者となった市民生活部の半澤隆宏は、のちに「除染の神様」「除染のプリンス」といった異名を冠せられ、2016年にはIAEAの本部にも招聘され、講演を行うようになる。

「健康管理」部門の目玉として、伊達市はまず3歳から中学生まで8000人の子どもたちに、累積線量計を身につけさせることを決めている。

この両輪の対策を打ち立てたことにより、仁志田市長は「だて市政だより」16号（平成23年6月30日発行）において市民にこう訴える。

「……放射能に対して防戦一方でしたが、これからは放射能と戦っていく姿勢に転じていくべきだと考えます。具体的には、伊達市の総力を挙げ『除染』に取り組み、放射性物質を取り除いて、一日も早く元の住居に戻れるよう取り組んでいくことであると考えます。市民の皆さん、放射能に負けないで頑張って行きましょう」

この広報誌が発行されたのは、特定避難勧奨地点の「地点」が制定された日だ。

椎名敦子が強く思ったのも、あまりに当然のことだった。

「放射能と戦う？　戦わないでいいから、逃がしてほしい。何より、子どもを放射能と戦わせてはいけない」

7月、田中俊一が指導する「伊達市除染プロジェクト・チーム」は保原町富成にある「富成小学校」を舞台に、全面除染の実験を行う。アトックス、日本原子力研究開発機構、放射線安全フォーラムなどの専門家以外に、富成小のPTAを中心とする保護者、コープふくしまの呼びかけで集まった除染ボランティアなど一般人も参加しての大々的なものとなった。富成小ではプールの除染も行い、富成小はこの年、福島県でも数少ない、屋外プールでの授業を行った学校となった。

続いて、特定避難勧奨地点に指定された小国の民家3軒でも除染の実験は行われた。これによりわかったことは、とにかく大量の放射能廃棄物が出ることだ。大量の除去物質をどこに置くのか、どのように置くのか。今後、除染に際し、「仮置き場」という問題がついて回る。

伊達市の「放射能対策」は着々と進む。その後7月27日より、市内に住む妊婦、0歳から中学生までの8614人を対象に、個人線量計=ガラスバッジが配られ、身につけて生活するという暮らしが始まる。

ただし、ガラスバッジを装着していれば適宜、自分がどれだけの線量を浴びたのか、確認できるものではない。バッジ本体に浴びた線量の数字が出るわけではなく、期間を決めて回収され、結果が通知されるのを待つというシステムだ。

その計測を行うのが、ガラスバッジの製造元である「千代田テクノル」。もともと放射線業務従事者の線量管理に使われていたものを、市民の被曝線量測定のために急遽、使うということになったのだが、まだ他市ではそのような動きはなく、伊達市が先駆的に行うこととなった。

このような布陣を敷いたことで、仁志田市長は高らかに宣言する。8月18日発行の「だて市政だより」23号で、市長は市民にこう呼びかけた。


「地域が一体となって放射能と戦う体制を1日でも早く構築し、『放射能に負けない宣言』をしたいと考えております。

全市民一丸となって、放射能と戦って行きましょう」


私が椎名敦子に初めて会ったその翌日、2011年9月4日は、下小国、上小国の全住民にガラスバッジが配られる日だった。敦子はこの日、悲しそうに言った。

「住民のみんながガラスバッジを持って暮らすなんて、異常だと思う。勧奨地点の線引きもはっきりせず、地点になっていない私たちはただ、バッジを配られただけ。バッジだけ渡されて、ここにいろと。せめて子どもを、弱者だけは守ってほしいのに……」

7 「被曝」しています

この夏、いろいろ不思議なことが起きた。

高橋佐枝子は、はっきりと記憶する。

除草剤をまいていないのに、虫が出ない。鳥の数が明らかに減った。植物が異様に成長する。今まで実がならなかったブルーベリーがたわわに実り、キノコの成長も早い。この年の桃は、今まで食べた中で最高に甘かった。

7月30日、保原市民センターで「放射能に対する食料の摂取の仕方」についての講演会が開かれた。講師は、元放射線医学研究所の白石久仁雄。

佐枝子は、河野直子と一緒に聞きに行った。

「すごい人数でお母さんばっかり。茹でこぼす、塩でもむとか、セシウムを落とす調理法を紹介していて、会場からの質問がすごかった。当時は野菜を測る機械もなくて。野菜を食べていいのかどうか、わからなかった時期だから」

この夏、佐枝子はこの調理法を忠実に実践した。高橋家は肉や魚など以外は、ほぼ自給自足の生活をしてきた。米も野菜も果物も、自分のところの田んぼと畑でまかなえるし、春は山菜、秋はキノコと四季折々、自然の恵みとともに暮らしてきた。

佐枝子は本を買ってきて、線量が高いところでどう生活していけばいいのかも勉強した。

「野菜はとにかく、塩水で洗う。塩で洗うと、セシウムが落ちるというから。一茹でするると流れて低くなるっても聞いたから、一生懸命、やったない。いつもの調理の3倍も4倍も、手間と時間をかけて。子どもにはうちで採れた野菜は食わせないようにしてたけど、つまんだりすんだよ。『これは、食べんなよ』って言っても、ちょこらちょこら食べていた。でも農協でも測ってたし、伊達市は食べて大丈夫だというし、ここまで手をかけてんだがら、大丈夫だべって」

8月の夏休み、優斗が緊急入院した。

徹郎が「きれいな空気を吸えばいい。今まで吸ったのも、遠くへ行けば抜けるだろう」と優斗を連れて秋田へと保養に行ったその帰りに、急に具合が悪くなった。喉が痛くてごはんも通らない、息が苦しいと訴えるため、福島市内にある急患の指定病院に駆け込んだ。

「もう少し、来るのが遅かったら死んでたよ」

医師はさらっと言った。喉が腫れて、完全に気管が塞（ふさ）がってしまったら、死もあり得たとレントゲンを見ながら、医師は言う。

「でも、もう治ったから。ただレントゲンに映っている、これが何なのか、よくわからないのだけど、でも大丈夫でしょう」

レントゲンに何か、「わからないもの」があることが気にはなったが、「治った」というそれだけで佐枝子は安心した。

その病院には、優斗とまったく同じ喉が腫れるという症状で入院している高校生がいた。

「その高校生も、外で部活をしていたっていうんだよ。優斗もだよ。草ぼうぼうの中、ボール追っかけて取りに行ってたって。除染なんかしてないどごに。学校自体が心配してないがら」

その後、数ヶ月は何事もなく過ぎた。どこか安穏と、もう大丈夫だろうと思っていた佐枝子の意識が一変したのが、11月4日の夕方にかかってきた1本の電話だった。5時だったか6時だったか記憶にないが、夕食の用意をしている最中だった。

南相馬市立総合病院からの電話だった。この時から佐枝子は、眠れぬ夜を過ごすことになる。

霊山中学校ではこの日、20人の生徒をマイクロバスで南相馬総合病院へと連れて行き、ホールボディカウンター（ＷＢＣ）検査を受けさせていた。ＷＢＣ検査とは機械の中に入り、体内にどれだけ放射性物質が残留しているかを調べるものだ。健康管理の一環として伊達市では線量の高い地域に住む児童生徒から、この内部被曝の検査を行うことにしたのだ。

その病院からわざわざ、電話があったのだ。

「優斗くんですが、数値がちょっと高めなので、親御さんと相談したいんです。一緒に生活をしている親御さんも調べてみたいので、こちらへ一度、来てもらえませんか？」

瞬間、心臓が凍りつく。何、言ってんだ？　高いって、何が？　そのあとはよく覚えていない。確か、「わかりました、お父さんと相談してまた電話をします」とか言って電話を切ったはずだ。佐枝子はすぐに、優斗に聞いた。

「オレとケンくんだけ、何も紙を渡されなかったんだ。他はみんな、結果の紙をもらっていたんだけど」

佐枝子は徹郎に伝えた後、すぐに伊達市に電話をした。心配で、心ここにあらずの状態だった。伊達市は何も把握していなかった。

「こちらでは、病院から何も連絡が来てないのでわかりません」

「さっき、わざわざ電話で南相馬の病院まで来るように言われたんだから、伊達市で車を出してくれますね。出してもらわないと困るから」

優斗と同級生で、近所のケンの家にも、優斗と同じように病院から電話がきていた。やはり

「数値が高く、再検査が必要」とされたのだ。２人はどちらも、「地点」に指定されなかった子どもだった。

「なんで、なんで……。指定になっている子が何でもなくて、なんで、うちの子がこんなことになんなきゃいけないの？　ケンくんだってそうだ。指定になってないのに」

どこに怒りをぶつければいいいんだろう。ただひたすら悔しかった。天を呪いたかった。

この夜、胸に秘めていた悔しさが、嗚咽となってこみ上げた。

「危険だから、他の子たちは避難になったんでしょう？　うちは大丈夫だって言われたんだよ。だから、避難しなくても大丈夫だと残されたのに」

11日、徹郎と佐枝子は、伊達市職員が運転する伊達市の車で南相馬総合病院へと向かった。

ここに至るまでも、すっきりしないやりとりがあった。徹郎が掛け合っても、車を出すということがなかなか決まらない。霊山町から浜通りの南相馬市までは、飯舘村との峠を越え、車で1時間半はかかる。

「こっちは被害者なんだ。出すのが、当たり前だべ」

伊達市は渋々、送迎を承諾した。

診察室で、２人はまず、優斗の検査結果を見せられた。測定器は「立位型ＷＢＣ」。測定時間１２０秒。

「セシウム１３４の測定値　１４００（ベクレル）

セシウム１３７の測定値　１９００（ベクレル）

今回の検査の結果、あなたの体内にある放射性物質から、概ね一生の間に受けると思われる線量は、約2ミリシーベルトと推定しました」

優斗の検査結果の紙を示し、医師は言った。

「被曝しています」

その言葉を聞いた時、どうやって立っていられたか覚えていない。医師は続けた。

「ただし、子どもの場合は下がるのも早いですから、今から食生活に気をつけていれば、これから毎月、検査していきますから、大丈夫ですよ」

心臓がドキドキ鳴り響く。被曝？　うちの優斗が？　医師はさらりと続ける。

「毎月検査していれば、もし甲状腺がんになったとしても、早い時期にわかるので、そうすればすぐに手術するなど、適正に対処できますから」

がん、手術？　これがわが子に起きていることなのか。医師はあくまでやさしい。

「お父さんの結果も全く同じですね。一生の推計線量が1ミリシーベルトなのは、年齢の関係です。とにかく、1ヶ月間、食べ物に注意して。そんなに心配しなくていいですよ」

徹郎の検査結果は、こうだ。

「セシウム134　1400ベクレル
セシウム137　2000ベクレル」

すなわち、13歳の優斗の体内には3300ベクレルのセシウムがあり、52歳の徹郎の体内にも3400ベクレルのセシウムがあるということだった。

専門家によれば体重1kgの量で判断する必要があるという。優斗の体重を50kgとして1kgあたり66ベクレル、徹郎を70kgとすれば49ベクレル弱。身体の小さい優斗の方がより深刻な内部被曝量になる。１kgあたりの数値が10ベクレルを超えると不整脈などの異常が出るケースがあると指摘する専門家もいるが、それだけをみてもこの２人の数値が、いかに高いかがわかるだろう。

「被曝しています」――、帰りの車中、耳から離れない言葉。佐枝子も徹郎も言葉はなく、ただ打ちひしがれていた。この傷心の両親を家まで送るのが普通だと思うのだが、車は霊山総合支所で停まった。２人に降りろと職員は言う。

「あとは勝手に、自分たちでやってください」

この職員は診察室で、来月は優斗も一緒に来院して再検査を受けるという段取りを聞いていた。医師は職員にこう言った。

「1ヶ月後にもう1回検査するので、日程は市から連絡を入れて決めてください」

その言葉に、職員は「はい、はい」とうなづいていたではないか。

佐枝子は反射的に叫ぶ。

「あまりにも無責任なんじゃないの。こっちは被害者なんだし」

職員はうすら笑う。

「これは、うちらの仕事じゃないですから。市から検査をやってくれと言われた場合に送り迎えするのが、うちらの仕事。あんたらを病院に連れて行くのは、うちらの仕事じゃないですから。むしろ、感謝してほしいぐらいですよ。お礼ぐらい言ってもらうのが、筋だっぺ」

カァーっと怒りがこみ上げる。これが伊達市の、市民への目線なのか。

徹郎はとりあえず、こう言った。

「あんだひとりでは判断もでぎねべがら、こういう事態になってんだがら、上とよっく話し合って連絡よごせよ」

以降、再検査に至るまで市からの連絡は全くない。しびれを切らした佐枝子が直接、病院に電話をし、当人から電話が来たことに驚いた病院が伊達市に連絡をとるという格好になった。

佐枝子は毎夜、布団の中で泣いた。決して子どもに涙は見せず、布団の中でひたすら自分を責め、泣き続けた。どうやっても、眠ることはできなかった。伊達市の心ない対応が、さらに弱った心を傷つけていた。

「ひどがった。でも、ケンくんちもそうだったがら。これが1人だったら、どうなっていたがわがんね」

「ひどい」というのは、この土地の言葉で苦しい、悲惨、つらいの最上級の表現だ。「ひどい」という以上に、当時の佐枝子の心境を表す言葉はきっとない。

「あの日、雪掃きさせたがらか、ガソリンがなくて、チャリで買い物にも行かせたがらか、秋は稲刈りも手伝わせたし、器具の出し入れもさせだ。あそご、高いのに、そごを歩かせたし。あとは、食べ物だべが……」

繰り返し、繰り返し、佐枝子はひたすら自分を責めた。

「こっから下の辺りが線量が高くて、軒並み指定になってっから。そごを毎日、自転車で学校に行ってたせいなのか……」

徹郎も同じだった。

「子どものことが心配で、どごさもそいづを持って行きようがない。ストレスが溜まって、病気になる寸前まで行った。いやあ、たまんないです。指定にはならない。挙句の果てに、子どもの検査結果がこんなことになっている。指定になった子がら、再検査は出ていないんだから。なんでよりによって、自分の子どもから……」

同級生の河野直子もこの時期、佐枝子の尋常ではない様子を覚えている。

「いつもの佐枝ちゃんじゃない。一緒にご飯を食べて、『お願いだから、元気出しなよ』って。気の毒で見てられんにかった。ナーバスで、ちょっとでも喋れば涙が出て……。うちに来て、3時間は帰んなかったね。『帰りだくねえ』って。夫婦喧嘩をしたとか、お父さんもイライラしてたからね」

佐枝子は直子に繰り返し言った。

「これだけの値が出てんのに、なんで指定になんねえんだ！　心配はない、安全だから、『地点』になんねかったんだべ。それなのになんで、避難しなくて大丈夫だって言われた子どもがこうなってんだ！」

病院から戻った夫妻はすぐに会津まで出かけ、子どもが食べる米と野菜を大量に買い込み、子どもの食材はすべて遠方のものに切り替えた。

憤懣やるかたない徹郎は、福島県庁に出向いた。すると県には、病院から連絡が入っていたという。

「病院から、これだけ高いからと電話がきたと。なんで県には直接来て、そのことが市に行ってないのか。おがしくねかか？」

徹郎の問いに、県庁職員は黙り込む。あまりのだんまりに、激昂した徹郎は大声で叫ぶ。

「おめじゃわがんねがら、知事出せ！　雄平、出せ！」

後日改めて、佐枝子も徹郎と一緒に県庁に行った。徹郎だと激昂して終わってしまうのが、目に見えていたからだ。どの担当と話したのか覚えてないが、その時に言われたことを佐枝子は今も忘れない。

「この検査結果に書いてありますよね。息子さんが一生の間に受けると推計される線量が約2ミリシーベルト、お父さんは1ミリシーベルト、100ミリシーベルト以下ですから、大丈夫ですよ」

はあ？　何を言っているの？　100ミリシーベルト以下で問題ないのなら、なんでWBCの検査をする？　なんで、ガラスバッジをつける？　原発の作業員でもない限り、100ミリシーベルトなんてなるわけがない。結局、他人事なんだ。

佐枝子はぐっと感情を抑え、たたみ掛ける。

「じゃあ、なぜ、再検査が必要だって、わざわざ病院は電話をかけてきたんですか？」

「わかりません」

「再検査をする意味がないじゃないですか。あなたは、先生（医師）と、そういう話をしないのですか？」

「しません」

「南相馬総合病院から、うちの息子のことで連絡は受けたのですね？」

「受けました」

「じゃあ、うちの息子が10年、15年経って、がんになったらどうするんですか?」

「がんは誰でもなる病気ですから、責任は取れません」

怒りにうち震える徹郎を抑え、佐枝子はできるだけ落ち着こうと努めた。あふれてくる感情そのままの叫びを押し殺し、ずっと胸に溜めていた、最大の問いを発した。

「もし、指定になっていたら? 『地点』になっていたら、どうなんですか?」

「『地点』になっている人には、ちゃんと補償します」


再検査が近づいた日、やっと伊達市から電話が入った。だけどもう、今さらだった。

「高橋さん、再検査の日が決まりました。行きましょう」

福島県はもちろん、伊達市にももはや何一つ期待はしていない。それどころか最も弱っていたときに、あのような言葉を浴びせられた屈辱はどうやっても忘れられない。

「別にうちは、そちらから勝手に行けと言われてますから、車を出してもらう必要はないです」

徹郎の運転で、優斗と3人で行った。

12月16日、再検査の結果、優斗は、

「セシウム134　230ベクレル
セシウム137　検出されず」

「この数値なら、もう、どうってことないですよ」

医師の言葉に、一緒に行ったケンの母親と抱き合って、2人で泣いた。ケンも同じような結果だった。よかった、よかった。本当によかった……。

ただし、徹郎は違っていた。

「セシウム134　2000ベクレル
セシウム137　22000ベクレル」

前回の数値より1000ベクレルも跳ね上がったのには、理由があった。裏庭に生えていた野生のなめこを食べたのだ。

「裏に行くたんびにうまそうで、食うがって思った。嫁さんはやめだほうがいいって言うけど、人体実験してみっかって。茹でで、酒のつまみに小鉢で食った。いやあ、うまがったよ。しかし1回食っただけで、跳ね上がる。食い続けたら、なんぼ上がっか、わがんね」

その後、旨そうなしいたけも生えてきたが、佐枝子が測定所にもっていったら、2500ベクレル。徹郎もさすがに、今度ばかりは食べなかった。

その後、佐枝子は自家野菜が取れるたびに毎回、近所の「小国ふれあいセンター」にある測定所でセシウムがあるかどうか、確認するのが常となった。

「1キロないと測れないし、できるだけ細かい方がいいから、細かく刻むんだよ。かぼちゃはとくに大変だない。ちょっとでもセシウムが入ってたら、子どもには絶対に食べさせない」

徹郎は、笑いながら言う。

「息子の数値が下がんなかったら、こごさ、俺、いながったがもしれないですよ。刑務所あだりに行ってだがも。何、やらかすかわがんね。まずは市役所さ、ダンプあたりで突っ込んで。それぐらいの感じですから。大事な息子が傷つけられて、なんの痛みもわかろうとしないやつらには」

横で、佐枝子がぽつり。

「言うほどでねえがら」


夏休みが終っても、早瀬家はまだ「自主避難」扱いのままだった。これでは何の補償も受けられず、自力で小国までの送り迎えを続けるしかない。しかし、それはずっとできることではないことは明らかだった。

夫婦で何度も話し合った。どこに避難するか。道子は県外という考えを捨てきれず、一家で保養を兼ねて山形に出向き、物件探しをしたこともあった。しかし、ここだという場所、物件に出会えない。一方、夫の和彦はこう考えていた。

「俺は長男だし、小国に母親を残しているし、会社の社長でもあるし従業員もいる。だから、やっぱり遠くには行けない。それに、離れれば小国の情報も入ってこなくなる。今は何もやってくれない伊達市だが、そのうち、何かやってくれるかもしれないし」

夏休みは兄のいる横浜に母子で滞在し、不動産屋を回ったり、横浜市役所や神奈川県庁まで行き、避難者として住宅を借上げしたいと申請したが、手続きのためには何度も役所に通う必要があると聞き、断念した。

「なんか、借上げ住宅のこととかよくわかってないみたいだった。近くの病院に甲状腺の検査をしてほしいと行ったら、『福島の子どもはできない』と言われ、いろんなことが不思議で、ここで暮らすのは難しいと思って帰ってきた」

県外避難の線はどうしても捨てきれなかったが、夫の仕事を考えれば母子避難しかない。

「家族をバラバラにして避難するのか、家族まとまって線量を浴びるのか、どっちがいいか、本当に究極の選択だった」

母子避難はしない。一家で伊達に残ることを決めた最も大きな要因は、子どもの状態だった。とくに長男の龍哉が、精神的に不安定になっていた。

「ただいまーと帰ってきても、ふわふわと落ち着かない。ずっと、ふらふらと立ってるの。『座ればー』と声をかけても、心ここにあらず、どうしていいかわからないようだった」

そのうちに排泄に失敗するなど、精神状態の不安定さが、さまざまな形で目に見えるものとなっていった。

「小国小にみんな、毎日やってくるけれど、もう、子どもたちもみんなバラバラ。大の仲良しの子は愛知県に避難しちゃうし。子どもが感じている不安が隠しきれなくなっていた」

道子が以前、働いていた保育園の親から、梁川駅近くにマンションを建築中だと話が入る。その3階の部屋に入るのはどうかと言う。

「内覧できるようになって、線量を測ってみたら、0・0いくらだった。じゃあ、ここなら と、そのマンションを借上げた」

このマンションは早瀬家一家の「避難先」と決まった。これでようやく一家は「避難者」と認定された。

いくらでも走り回れる広い家に住んでいた子どもたちにとって、2LDKのマンションは窮屈な空間だった。ドタンバタンすると下の階の迷惑になるというのも知らなかった。

そうであってもようやく、一家に「住居」ができたことにより、タクシーの通学支援も始まり、幼稚園バスは特別措置として梁川まで迎えに来てくれるようになったのだ。

梁川に越してから、道子はインターネットを始めた。あれだけの高線量のなかで暮らしてきた子どもたちだ。どれだけ初期被曝をしているかわからない。伊達市だけを頼みにしていても、ガラスバッジは配布になったが、いつ検査が始まるかわからない。民間の検査機関のことも含め、とにかく情報が欲しかった。

そこで出会ったのが、「福島老朽原発を考える会（フクロウの会）」の青木一政(かずまさ)だった。化学・フィルムメーカーの計測制御系技術者として勤務するかたわら、「フクロウの会」のメンバーとして放射能汚染や事故の心配がなく、放射性廃棄物を生み出さない社会をめざして、首都圏で25年間近く活動を続けてきた。3・11以降、人々への被曝が少しでも抑えられるよう放射能測定プロジェクトを立ち上げて活動を行っているが、そのひとつとしてフランスの放射能測定機関との連携を得て、福島の子どもの尿検査を行う体制を整えた。

青木は言う。

「フランスのACRO（アクロ）という測定機関が無償で、子どもたちの尿を測定してくれることになり、2011年の5月、まず10人の福島市内の子どもの尿をフランスに送った。まさか、10人全員の尿から放射性セシウムが検出されるとは、全く予想していませんでした。だけど、これで日常生活における呼気や飲食物から、内部被曝をするということがわかったのです」

「フクロウの会」の尿検査を知った道子は青木と連絡を取り、1人だけという枠のため「女の子だから」と、長女・玲奈の尿を検査に送った。

2ヶ月後に受け取ったその結果は、頭をハンマーで殴りつけられるに等しいものだった。

「セシウム134 0・51ベクレル／ℓ、セシウム137 0・59ベクレル／ℓ」

これだけのセシウムが、玲奈の尿から検出された。道子はすぐさま青木に電話をして、この数字が意味するものの説明を受けた。この時から道子にとって青木は、常に相談できる大きな支えとなっていく。

この夜、子どもを寝かせて自分の布団に入った道子はひとり、隠れて泣いた。

「玲奈のおしっこから、こんなに出てるんだ。これが出たってことは、この何十倍ものセシウムが身体の中に入っているんだ……」

さめざめと涙が止まらない。愛おしいわが子の身体が、たった今も放射性物質の攻撃にさらされている。今も身体の中は、被曝し続けている。そう思っただけで胸がかきむしられる。

「青木さんは出ないのがおかしいぐらいだって言う。きっと龍にも駿にも、セシウムは入っている。でもこれから入れないようにしたら、おしっこでどんどん出て行くって、青木さんは教えてくれた。そうだ、セシウムを入れないことだ。親として、私に何ができるかわからない。でも、やれることはなんだってやっていく。それしかない」

涙にぬれながら、道子は固く決意した。

10月、伊達市は「伊達市除染基本計画（第1版）」を発表、除染についての基本方針、実施計画など除染の骨子を打ち出した。

国が「特措法基本方針」を閣議決定したのは11月11日、これにより環境省を中心とした実施体制が確立し、12月には「除染関係ガイドライン」「廃棄物関係ガイドライン」が策定された。

伊達市はこのような国の動きに先んじて、除染を本格的に進める実施計画を策定した。

「除染の方針」にはこうある。

基本方針

伊達市全域に降り注いだ放射性物質は一律ではなく、空間線量にも地域差（中略）がある。除染は、放射線量の高い地域から優先的に行なう必要があるが、放射線量については、ＩＣＲＰにより「合理的に達成可能な限り被ばくを低減する。（ＡＬＡＲＡの原則）」ことが提唱されており、放射線量が比較的低い地域であっても除染に取り組むことが大切である。基本的には、これらの放射性物質全般を除去することであるから、この除染実施計画の対象となる区域は、伊達市全域とする。

目標

（中略）伊達市の面積は２６５㎢と広く、計測される空間線量も６マイクロシーベルト／時を超える地域から０・５マイクロシーベルト／時を下回る地域まで、かなりの差があるため、一律の目標は設定できない。このため、特定避難勧奨地点があるなど放射線量が高い地域にあっては、除染の実施により当面年間積算５ミリシーベルト（空間線量１マイクロシーベルト／時）以下を目標とする。

空間線量が１マイクロシーベルト／時以下の地域であっても、子どもたちのことを考慮すれば、被ばく線量はできるだけ下げることが必要であり、こうした比較的線量の低い地域であっても、できるだけ放射線量を低減するよう除染していく。
優先順位
第1順位…特定避難勧奨地点など、年間積算線量が20ミリシーベルトを超える恐れのある地域。高線量のある地域。
第2順位…年間積算線量が10ミリシーベルトを超える地域（空間線量1・94マイクロシーベルト／時）
第3順位…年間積算線量が5ミリシーベルトを超える地域（空間線量0・99マイクロシーベルト／時）
第4順位…年間積算線量が1ミリシーベルトを超える地域（空間線量0・23マイクロシーベルト／時）

この「順位」が翌年には、「エリア」という区分けがされ、変容していく。

この除染基本計画には「市民協働による取り組み」という項目が設けられている。これも伊達市の特徴と言えるだろう。市民は「被害者」であるにもかかわらず、その市民に除染の担い手であれと伊達市は言う。

除染は、国が責任をもって行なうべきものである。しかし、国や東電の取り組みを待っているだけでは、地域の放射線量を低減することはできず、地域の活力を失うことにもつながりかねない。

自分たちの手で除染を行い、安心を得るという「地域づくり」の取り組みをすることが、地域の活力を取り戻し、より良い地域づくりにつながっていく。

富成小の除染実験において、ＰＴＡも除染を担う存在とされ、それが評価されたわけだが、小学生の子どもを持つ親ならば、これから子どもを産み、育てていく年代だ。除染をさせるべきではないと、通常は思うのではないか。被災者に、原発事故という人災の尻拭いをしろと伊達市は言う。それが「活力ある」地域づくりにつながるからと。

8 「避難しない」という決断

水田奈津はある時、こんな思いを私に吐露した。

「なんかふっと、運転している時に悔しくなるんです。伊達の景色って、私、結構、好きなんです。きれいじゃないですか。空が青くて、柿がなって、ああ、変わらないなと思いながら、でももう前とは全然違う。放射線があって。事故前ともう、同じじゃない」

福島育ちの奈津が「伊達の風景はきれいだ」と言う。それが何を指しているか、私にはわかる。低山に囲まれ、なだらかな地形に田畑が広がる平凡な風景、でも穏やかで静謐(せいひつ)でひとつひとつが心に滲(し)みるほど美しい。目にすれば、「ああ、きれい」と素直に思う。

自然な感情の発露を毎回、打ち消すしかないという理不尽。ここで生きるということは日々、どうしようもない悔しさに身を苛まれることなのだ。

9月、水田夫妻は「避難しない」ことを決めた。

なぜ、9月だったのか。それは山形県が行ってきた、原発事故からの避難者に住宅を無償で提供する制度が9月いっぱいで打ち切られるからだった。それまで夫婦で、「避難」という選択肢について何度も検討し、話し合ってきた。避難先としてあり得る候補地が、山形県米沢市だった。

線量計を借りて、自宅の線量を測ったのは夏になる前だ。最初はこの数字が高いかどうかもわからなかった。夫の渉は言う。

「2階の南東の部屋が一番高かった。飯舘方面の部屋が3マイクロぐらいはあったと思う。だから、下の部屋で寝ることにした。下は1・7ぐらいだった。拭き掃除をしたら、0・9とかに下がった。加湿器でマイナスイオンを出すようにしたのは、セシウムがマイナスイオンにくっつくと聞いたから。炭がいいといえば炭を買ってきたし、EM菌も試した。いろんなことをした」

夫妻は常に、「避難」を考えてきた。だが、避難を躊躇させる要因もないわけではなかった。最も大きかったのは、ひかりが念願の高校に合格したことだった。奈津は言う。

「ひかりが小学生だったら、もちろん避難したと思う。でもものすごく努力して志望校に入って、ひかりは生き生きと高校に通っていた」

避難へのさらなるハードルに、同居している渉の両親があった。避難するなら、一家全員で行くしかない。二重生活など経済的に不可能だ。年老いた両親を連れていくしかないのだが、

2人とも頑なに「避難しない」と言う。奈津はそれも当然だと思うのだ。

「だって2人とも、ここから一度も出たことがない人たちだもの。よその土地で暮らすなんて、どうやっても無理」

夫婦は腹をくくった。避難はしない、ここで生きていく。そもそも米沢から福島市の会社まで毎日、通勤できるのかという問題もあった。

「よく、言われんだよ。自己破産してでも避難しろ、子どもを守るべきだと。もちろん、最初は揺れ動いたよ」

母子避難を選択したある女性から、こう言われた。

「それって、子どもを犠牲にしているのと何も変わらない」

胸をぐさりと射抜く、残酷な言葉だった。

「認知症が始まっている年寄りを置いていけないし、今の家の住宅ローンもある。住宅ローンを払いながら、避難先の家賃や生活費、年寄りの生活費までなんて不可能ですよ」

どう考えても、理不尽なのだ。

「自己破産しろって人はいいますが、何でしなきゃならないんですか？　自宅も土地も持っていて、どうやって自己破産するんですか？　しかもこっちは被害者なのに、なんで、自己破産しなきゃならないんですか？」

それだけじゃない。渉には割り切れない何かがある。この土地から離れられない、何か。

「百姓の長男というのは、土地を守るという意識があって、それを真悟に渡さなきゃならないという、へんな義務感がある。だからよそに行くとならない」

農家を嫌って、サラリーマンになった。若い頃は農業なんてまっぴらだと思っていた。それがいつからだったろう、畑仕事にこれほどのめり込むようになるとは。休日は畑やビニールハウスで過ごすことが多くなった。定年後はハーブを栽培し、夫婦でレストランでもやりたいという夢は、原発事故で潰えた。

涉は、奈津におどけて言う。

「あんどき、国が一律に1000万円でも出してくれたら、俺らも避難したな」

涉は、子どもたちに謝った。

「ごめんね。悪いけど、避難させてあげられない。お父さん、お金持ちなら避難させてあげられるけど、金がないから。でも、できる限りのことはするからな」

小学4年の真悟は、どういうことなのかピンときていない。ひかりにしてみれば高校で科学部に入り、やりたいことに夢中になっていた。東北大学が高校1、2年生を対象に募集する『科学者の卵』養成講座」にも選ばれ、月に1回ほど東北大学がある仙台まで通っていたこともあり、ひかりは環境が変わらないことにホッとした様子だった。

夫婦で誓った。ここで生きていくからには、子どもを守るために何でもする。できる限りのことをやっていくと。

涉は会社と同じ方向ということもあったが、毎日、ひかりを学校の前まで車で送り迎えした。真悟にはどんなに暑くてもマスクと長袖で小学校へ通わせた。真悟はそれを受け入れ、草むらに入っちゃいけないと言えば、その意味を理解してくれる子だった。

ひかりは時々仙台に行くからいいが、夫妻は週末、真悟を連れて山形や仙台方面に出かけることにした。少しでも汚染のない場所で、真悟をのびのびと遊ばせてやりたいと。

「土曜日は山形、日曜日は仙台。泊まんねよ。その金はない。高速は無料だったから、いちいち帰ってきて。翌年、東電から賠償が出て大人８万、子ども40万で、うちは１００万ぐらいは出たんだけど、この時の保養を補塡して終わりだった。カードで行ってたし」

２０１２年３月、「自主避難等対象区域」とされた伊達市では、東電から事故後の避難に伴う費用、あるいは精神的苦痛に対する賠償金として、市民一律に大人８万円、18歳以下の子ども及び妊婦に40万円が支給された。

課題はとにかく、家の中の線量を下げること。窓は絶対に開けない。洗濯物は外に干さない。とりわけ、食事には細心の注意を払う。なるだけ遠い産地の食材を買う。葉物は食べない。きのこは大好きだけど禁止食品にしたし、魚もやめた。

奈津は「毎日、年寄りとの闘いだった」と苦笑する。

「年寄りは平気で窓を開けちゃうの。開けると、周りは畑だから、ばあーっと家の中の線量が上がる。じいちゃんは畑によく行くんだけど、土のついた靴のまま、家に入ってくる。そういうのをいちいち、『靴、履き替えてから家に入って』と言って、阻止しないといけない。もう、こっちはへろへろ。でもそうしないと、私たち、ここでは生きていけない」

結局、水田家は事故から３年間、窓を開けない生活を送った。最近は風がない時に限って、ちょっとだけ開けると、奈津は言う。

夏、高圧洗浄機を借りて家を洗った。

「2階から屋根まで、届く範囲でばあーっと水をかけて洗ったけど、気持ち下がったねという程度。だから、気持ちだけね」

この年の秋に2人が直面した課題は、真悟の通学路の線量を下げること、すなわち通学路の除染だった。

「家の中は何とか防げるけど、当時、畑が高かった。住宅の除染は、市がやってくれるだろうって思ったし。新聞で、大々的に市長が言ってたから。問題は真悟が毎日通う、通学路だった。あれは素人ができるレベルではない」

当時、各町内会など除染を希望する団体に、市から50万円の除染費用が出ることを渉は聞きつけ、早速、申請を出した。

町内会、行政区、PTAなどの団体を対象とした、「線量低減化活動支援事業」だ。申請期間を2012年11月末、実施期間を2012年2月末までとし、新規実施団体には50万円の補助金が出る。

「最初、4人で申請したら、100人ぐらいいないとダメだって却下。100人はどうやっても無理だけど、いろいろ声かけて25人ぐらいにして、隣の町内会もやるっていうから一緒に申請出したら、通ったんですよ」

除染費用の50万円は、高圧洗浄機とポリマスターのガイガーカウンターにそっくり消えた。

12月の第1土曜日、水田夫妻は隣の町内会と一緒に、真悟の通学路の除染作業を行った。市のマニュアルに沿って行わなければならず、まず前段としてモニタリングが必要とされた。奈津が言う。

「一つの場所を、地上、50センチ、1メートルと3ヶ所測るの。それも10回ぐらい測って、その平均値を出す。それを１００ヶ所以上やった。寒いし、本当に大変だった。風が吹けば、ばあーっと線量が変わるし、それでも2か3はあった」

渉も言う。

「何にも知識はないし、飛び散り防止をするとか何も知らなくて、高圧洗浄機でばあーっと洗った。それでも1マイクロ以下にはなった。翌週は隣の町内会の、真悟とは別の通学路の除染を一緒にやって……」

それは、渉が自分に課したミッションだった。

「ここに住む以上は、線量を下げる。通学路の除染は私がやらないと誰もしない。ならば、やるしかない」

この時期、真悟の精神状態が不安定になっていた。奈津は振り返る。

「原発事故と地震で、子どもがどれだけ傷ついていたか。あの年は子どもも不安定で、暴力的になっちゃう子が結構出て、クラスがひどく荒れたんだよね」

問題は、担任だった。この年、例年4月に行われる人事異動が8月にずれ込み、真悟は4年生の2学期に担任が変わった。仲良しだった男の子がその頃、暴力的になり、暴力が嫌いな真悟と何かとぶつかることが多くなった。2人の間に入った担任はこう言った。

「キミたち、合わないようだから、友達、やめれば」

真悟はひどく傷ついた。チック症状も現れ、校長が親身になってくれたもののラチがあかない。奈津は言う。

「真悟が学校に行きたくないというので、無理に行かすこともないと校長先生と話して、3学期は不登校でもいいとなった。息子をつぶされちゃたまんない」

この頃、知り合いから「真悟くんを松本市へ疎開させてはどうか」という話が来た。子どもを汚染のない環境で暮らさせるという市民団体の試みだった。その受け入れ先が長野県松本市だという。しかし、勧めには乗らなかった。いや、奈津にはどうしても乗れなかった。

「子どもだけの疎開って、被曝を避けるにはいいんだろうけど、身体の健康だけでなく、心の健康も大事。見えないところでいじめをされることとかあるかもしれない。それって、親がそばにいないと気づかない。今回のチックもそう。ちょっとした変化に気づかないと、取り返しのつかないことになる。親元を離れただけで、子どもは不安定になるだろうし」

2016年後半に次々に明るみとなった福島から避難してきた子どもへのいじめをみれば、奈津の判断は正しかったと言えるだろう。教員ぐるみのいじめも明らかになったが、そうなれば、子どもに逃げ場はない。ましてそばに親がいなければ、たったひとり、孤立無援だ。

奈津は改めて思う。

「真悟たちの学年は、ひかりの時と全く違って本当に落ち着かない。あの時、荒れた子は今もそうで、中学生になっているけど、すぐカッとなる。地震の恐怖と原発事故で傷ついた子どもたちの心のケアがまったくなされなかった。されたのは安全、大丈夫という講演のみ」

9　訣別

車を運転している時、椎名敦子は強烈な思いに襲われる。

「ああ、こんなにきれいな景色なのに、放射能だらけなんだ。あの山も、この川も。私、何に向かって生きていけばいいんだろう。何を目標にがんばっていけばいいのだろう。幸せな未来が、何も見えない」

この地で生活するということは、常に何かに向かって闘っていることだった。弁当を作り、車で送り続け、「外に出ないで」と子どもたちに言い続け……。

夏休み、小国の子どもたちは愛知県のボランティアグループの呼びかけで、愛知へ保養キャンプに出かけた。全校生徒57人中、20人以上の参加となったが、もちろん一希も莉央も加わった。

「子どもがここにいないというのが、すごくうれしかった。だって、被曝することがないんだもの。事故後初めて、心が安らいだ」

夫の亨と一緒に、子どもの様子を見に愛知へ行った。街並みを歩いて「あんな家、いいね」と話した時、自分にも夢があったことを思い出した。あんな家に住んで、自分の好きな雑貨をいろいろ飾って……。そんなほんのささやかな喜びを、ずっと忘れていたことにはっと気づく。

今は安心できる居場所がみつからない。2学期が始まれば、また闘いの日々だ。あそこにいる以上、気を緩めてはいけないから。

しかも2学期から校長が変わり、少しずつ、子どもを外に出すようになっていった。

「『通常』に戻したいという意向を感じるようになりました。体育の授業も外でやるようになったし。うちはやらせなかったけど。だって通学はバスで、授業は外って、おかしくないですか？　こういう矛盾が苦しかった。学校から『まだ、不安ですか？』と言われたりして」

学校や市内で行われる講演は、安全一辺倒だ。

「安全なお話はいっぱいしてくれるけど、万が一という危険な話は一切しない。両方が提示されて『判断しろ』ならわかるけど、情報や資料が与えられないまま、『大丈夫、安全だから』って。そして誰も責任を取らないっていうのが、どうしても納得できなかった。何かあっても、『あなた、自己責任で住んでいたんでしょう』って言われることが」

10月6日発行の「だて市政だより」は、内部被曝対策についての市の考えを示すものだった。市長はこう記す。

「当市としても、子どもを中心に何とかして早期に内部被曝検査を受けさせたいと考えておりますが、機械の購入には時間がかかる事から、測定の受け入れが可能であれば、仮にそこが長崎大学で航空運賃がかかるとしても派遣を検討して参ります」

長崎大学には内部被曝を測定するホールボディカウンター（WBC）があるから、伊達市からわざわざ長崎まで子どもたちを派遣するという。ここまでの決意――、それは子どもを被曝から守るというより、「子どもを伊達市から逃がさない」執念のように思えてならない。

早瀬道子が青木を通して行った尿検査についても、「実施を検討している」と市長は言うが、ついに実現されることはなかった。尿検査なら、ＷＢＣのように装置がある医療機関まで行く必要はない。フクロウの会の青木によれば、検出限界についてはＷＢＣより尿検査の方が優れており、精度高く測定できるという。


伊達市のＷＢＣの検査は２０１１年の10月より、特定避難勧奨地点エリアの子どもを優先に、南相馬市立総合病院で実施された。高橋優斗が再検査となったのもこの一連の流れだった。小国小２年の早瀬龍哉は10月14日に検査を受け、セシウムは「検出されず」。「保護者」枠で父・和彦も11月２日にＷＢＣを受けたが、同じように「検出されず」。しかし、２人の検査装置の「検出限界」をみると、龍哉はセシウム１３４が７００ベクレル、１３７が２６０ベクレルなのに対し、和彦はセシウム１３４が２１０ベクレル、１３７が２５０ベクレル。なぜこれほどの乖離があるのか、子どもの検出限界をなぜこれほど高く設定しているのか理解に苦しむが、ＷＢＣは検出限界で操作が可能とも言えるのだ。

11月、伊達市は高線量エリアに住む高校生にも、福島県労働保健センターでＷＢＣを行うことにした。高橋家の長男・直樹は11月18日の検査でセシウム１３４が「検出限界以下」、セシウム１３７は１６０６ベクレル検出されたものの、問題なし。しかし、この時の検出限界はセシウム１３４，１３７ともに６００ベクレル。それ以下は検出されないという「検査」だった。

２０１２年８月には市内の二つの医療機関にＷＢＣを設置、伊達市は全市民を対象にＷＢＣ検査を行う仕組みを整え、内部被曝に関しても万全の体制を取ったと胸を張るが、高橋徹郎いわく、「俺は絶対にＷＢＣで出るのに、伊達市の検査では出ない」というものでもあった。

12月12日、政府主催「第7回低線量被ばくのリスク管理に関するワーキンググループ」が行われ、この場に田中俊一とともに仁志田市長が招かれた。

細野原発担当大臣（当時）は、伊達市長を招いた理由をこう述べた。

「伊達市が一番初めに除染に取り組んだことは、皆さん御存じのとおりでありますが、非常に大きな政治的な御判断をいただいて、それこそ地元で一番初めに具体的なアクションを起こされた市長でございますので、そのさまざまな判断力は、本当に福島でも高く評価されておりますし、国としても、その辺りでお悩みになったこととか、これから、まだしっかりと国としてやっていくべきところの御示唆をいただけるのではないかというふうに思っております」

伊達市はすでに国から、〈除染先進都市〉としてのお墨付きをもらっている。

この場で、田中俊一は「年間積算線量１ミリシーベルト」への疑義をほのめかしている。その根拠として自身の理論に加え、伊達市の子ども全員につけさせた個人線量計を挙げる。

「個人の被ばく線量ですが、空間線量だけで個人の被ばく線量を語れる時期はそろそろ過ぎてきているというふうに思います。伊達市の場合は、（中略）約８０００人の子どもたちに個人被ばく線量計を付けて測定しています。これは、実際に自分がどれだけ被ばくしているのかということを実感すると同時に、こういった測定結果を踏まえて、今後どういう対策を、除染をするべきかとか、健康的な注意を払うようにどのようなコミュニケーションを図るか等、そういった点での基礎になります。実際に、国の計算式で計算した空間線量から見ると、少なくとも、２分の１〜３分の１程度に実際の被ばく線量は下がっています」

２０１１年のこの時点ですでに、空間線量ではなく、個人線量で管理という方針を田中俊一は政府に提言する。

これまで地上1メートル、50センチなどの地点の放射線量＝空間線量を被曝の目安としていたが、これに対し、田中は個人個人が装着する個人線量計（ガラスバッジ）の数値だけで事足りるというのだ。

３ヶ月ごとにガラスバッジは回収され、千代田テクノルが解析したデータが郵送で届く。それはどのようなものだろう。たとえば川崎家の長女・詩織（小４）のデータにはこうある。集計開始２０１１年９月１日、集計終了11月30日、算定日12月７日。

実効線量　使用期間　0・2（ミリシーベルト）
四半期計　0・2（ミリシーベルト）
年度計0・3（ミリシーベルト）」

川崎真理は言う。

「こんな表をもらっても、訳がわからない」

それは多くの親が感じていたことだ。

まるで伊達市の子どもたちは、実験台だ。しかものちにメーカーの千代田テクノルも認めるのだが、この個人線量計は放射線業務に就く人間のためのものであって、子どもが使用することは一切、想定されていない。このようなモノをつけさせて測定し、そのデータで除染の基準、ひいては避難の目安となる線量の基準まで変えようとする。田中は自分のスピーチに、こんな言葉をさしはさむ。


「（除染の目標は）当面、5ミリシーベルトぐらいを目指したらどうか。時間当たりの空間線量は1〜1・3マイクロシーベルト、それぐらいに」

「20ミリシーベルトというのは、そう高いレベルではない」

「20ミリシーベルトを被曝しても、それを補うためには生活習慣を変えればいい」


一方、仁志田市長が強調したのは「人災意識の払拭」による、市民自らが除染に参加するという意識の変革だ。

「私が一番問題だと思うのは、原発事故というのは現在進行形で、人災だという意識、これが市民の間にあるというのは問題だと。つまり、国、東電の責任だ、だから除染は国、東電が行うべきで、我々はやらなくていいのだ、こういう話なのですね。（中略）私は、そうではないのだよ、我々がやらなければだめなのだと言うためにも、支援センターを設置したわけであります」

除染支援センターの設置は10月、専門の除染指導員が常駐し、除染に必要な道具の貸し出しなどを行う。仁志田市長はこの「問題」について、さらに言及する。

「人災だというふうに思っている以上、自助努力というのをしようとしないのです。だから、そうではなくて、放射能とは戦うのだというと、ちょっと時代がかっていますけれど、私はそう言わざるを得ないのです。とにかく人のせいにして、何とかやってくれとか、国がやれとかでは事は進まないということです」

除染を進める以上、廃棄物を保管する「仮置き場」が必要となるのだが、地区ごとの説明会で、除染担当の半澤隆宏はじめ市職員はことごとく、住民の反対に出会う。仮置き場の設置が進まないことへの苛立ちが「自助努力をしない」という住民批判へとつながるのか、仁志田市長は東電をかばう。

「ある懇談会で、東電は私のところへ謝りに来ないと言う市民がいたんです。いや、そうではない、東電さんはちゃんと市長のところへ、市に来ました。私が代表して受けたんだから、東電はちゃんと遺憾の意を表明しているのだから大丈夫だ。東電は東電で努力しているのだから、我々は我々の努力をすべきだと」

東電の責任と義務を明確化するどころか、寛容に受け止め、市民の被害者意識を問題にする。市長は一体、どちらを向いているのか？

この場で仁志田市長は、常日頃から胸にたまっていたであろう鬱憤を吐き出す。

「少子化と晩婚化による問題がある。過剰な愛情といいますか。ある懇談会で、（中略）50近い女性の方が、この子は私の40過ぎてから生まれたたったひとりの子どもだ、この子に何かあったら大変だ、こんな放射能のところに置いていいのか、こういうふうに私に言う。大丈夫です、この程度は大丈夫ですと言いたかったのですけれど、言ってもしようがないというか、理解されない。（中略）もともとモンスターペアレントというのがいまして、一部ですけれども、これが教師から行政へ向かっているというふうに私は考えております」

子どもの被曝を心配して市長に訴える親が、「モンスター」にされている。よほど腹に据えかねているのか、市長はさらに親への攻撃を続ける。

「福島県産を給食に使うなと。これは風評被害と、福島県人としては全く矛盾する話で、私はとんでもないと。（中略）結局、私としても不本意ながら、弁当持参を教育委員会と相談して認めるという決定をせざるを得なかった」

仁志田市長がこのような考えでいる以上、子どもを被曝から守りたい、できることはなんでもやっていきたいという母たちの思いは壁にぶち当たる。ささやか、かつ切なる思いを「モンスター・ペアレント」の典型であるかのように矮小化(わいしょうか)され、否定されてしまう。誰も受け止めてくれない場所で生きることは、息をする場所さえないほどに苦しい。

2011年も押し迫った「だて市政だより」41号において、仁志田市長は市民に直接、語りかける。市長メッセージのタイトルは、「臨床心理士からの支援」。

「……放射能被害の場合は、親が子どもに対する愛情が大き過ぎることもあって、見えない分からないということから来る不安と大きなストレスを抱え、それが子どもに影響を与えているということが問題であると思われます。実際、伊達市教育委員会のアンケート調査によれば、放射能に対する不安を感じている親は40%に対し、子どもは20%で、子どものために避難したいと少しでも考えている親は70%もいるのです」

「70％もいる」という、まるで咎めるべきであるかのような言い方。椎名敦子たち母親の思いが、「愛情が大き過ぎる」とみなされる。市長はさらに続ける。

「放射能は、直ちに被害があるのではなく、将来への健康被害が心配されるわけですが、親の過剰な心配やストレスが子どもに影響し、そのストレスからくる健康被害の方が懸念されるといわれております」

「子どもの成長には、安全感や安心感に包まれていることが必要といわれますから、除染や健康管理の充実を通して安全を確保すると共に、親や社会が安定した心の支えを行って、子どもの健全育成に努めていきましょう」

敦子のような母親たちは次第に追い詰められていく。過剰な心配、親の不安定さが子どもに影響を与える……。それは行政当局ばかりではない。母親同士にも分断を生む。

事故の翌年、二度目に会った中学校のＰＴＡ会長をしている女性はこう語った。彼女は５人の子の母であり、事故の年は、伊達市が小学校の卒業式を強行したこと、何も広報されずに中高生を放射線量が高い時期に外で水汲みや、買い物の列に並ばせたことを悔い、市を批判していた。しかし……。

「伊達市はクーラーも早くつけてくれたし、除染も早いし、他の市町村からうらやましがられるの。放射能を気にしているお母さんの子どもは、みんな不安定になっている。気にしすぎのお母さんが、今は問題」

この地で生きることが、どんどん苦しくなっていく。敦子はずっと、背中を押してくれる人を探していた。

愛知の保養ボランティアの責任者に会う機会があった時、思い切って敦子は聞いた。

「小国に住んでいて大丈夫でしょうか」

意を決して、初めて発した問いだった。返ってきたのは明快な、逡巡のない答え。

「私だったら、孫や子どもがいたら住まないですね」

やっぱり、そうだ、ここは住んじゃいけないんだ。ようやく、目が開かれた思いだった。子ども部屋の線量は0・6はある。これは、放射線管理区域で寝起きさせていることと同じなのだ。やっぱり「普通」じゃない。こんなこと、続けていてはよくないんだ。

しかし、敦子にとっても亨にとっても、避難を決意させた大きなきっかけは、娘の涙にあった。

この日、敦子はあるママ友の家に莉央を連れて行き、しばらく立ち話をしていた。ストレスがたまっていたのか、ママ友との話に夢中になって目を離した隙に、莉央は仲良しのその家の子と外で遊んだ。そこは、「地点」に指定された家だった。

よほど楽しかったのか、家に帰った莉央はパパにこの日の出来事をお話しした。

「パパ、あのね、りお、お外で、まりちゃんといっぱい遊んだんだよ」

え？　外遊びをしたのか？　おい、何、やってんだよ。亨は敦子を呼びつけた。

「ちょっと待てよ。おまえは子どものことでいろいろやってんだろ。なんで、子どもから目を離して、そういうこと、やってんだよ！　言ってることと、やってることが違うだろ！」

敦子にだって、言い分はあった。

「でもさあ、ここで生きていくってそういうことなんじゃないの？『あなたの家って、線量高いから遊ばせられない』って、そんなこと、言える？　そんなこと言われたら、もう、やってけないよ！」

なんでこんなに怒りの炎が自分の心に灯ったのかはわからない。いつの間にか敦子は泣き叫んでいた。それが亨の怒りに火を注ぐ。

「おまえ、うちで気をつけても、外でそういうことしてるなら、何のためにやってんだよ！」

今までやってきたことまで、この人は否定するの？　私、これまで、どれだけ必死にやってきたか。

「だって、外でちょっとぐらい、もう、しょうがないんじゃない！　そういうことなんだよ、小国で暮らすってことは。もう、やってられないよ」

ヒートアップする２人を押しとどめたのは、小学３年の莉央だ。わんわんと声をあげて泣いていた。

「パパ、ママ、りお、もう、お外で遊ばないから―！　パパとママ、けんかしないで―！」

莉央はえんえんと泣きじゃくる。ヒックヒックと喉を震わせ、「けんか、しないで」と訴える。２人ははっと我に返る。

「ああ、その時はもう、たまらなかったです。私が悪いんですよ、感情を抑えられなかったんだから。でも娘は自分を責めて、自分のせいでパパとママがけんかしたって。あの時、もう、この暮らしは無理かなって思いました」

亭も同じ思いだった。

「娘がめちゃくちゃ泣いちゃって。親がけんかする姿はすごくつらかったみたいです。これは、もう……って思いました。放射能と折り合いをつける生活が、うちでは見つからなかったということです」


この冬も、愛知の学生ボランティアグループが小国の子どもたちのためにキャンプを企画してくれた。行き先は岐阜県中津川。学生たちは「お父さん、お母さんもリフレッシュさせたい」と親の参加も呼びかけてくれた。

久しぶりに親子で、放射能の心配がない場所で思いっきり遊んだ数日だった。

学生たちはキャンプの最後に、ひとつのイベントを企画した。それは子どもたちに「10年後の自分に、手紙を書こう」という、ほのぼのとした企画だった。

「ほのぼの」とした企画意図は一変した。ほとんどの子どもたちは、同じことを書いていた。

「10年後にまだ、放射能はありますか？」

「小国は、きれいになっていますか？」

親にとって、これほどのショックはない。

自分たちが子どもの頃は、10年後の自分は花屋さんになってますかとか、新幹線の運転手になってますかとか、そう無邪気に書いていたはずだ。だけど、小国の子どもたちが夢見るものは、なんと悲しいものだろう。

　子どもの心にこんな気持ちが宿っていたなんて……。あまりにつらくて切なくて、敦子は咄嗟に小学6年の長男、一希の手紙を探した。

　そこに書いてあったものは……。

「10年後に、ぼくは生きていますか?」

　決定打だった。ああ、私たちが今までがんばってきたことって、子どもたちに夢を膨らませない活動だったんだ。子どものためにと、好きなソフトボールをやめさせ、外で遊ばせないようにして、家の中に押し込め、遊びといったら家の中でできるゲームに漫画。あたし、自分だけ塞ぎこんでいると思ってたけど、子どももそうだったんだ……。この思いが的中していたことを、ほどなく敦子は一希自身のメッセージから知る。

『3／11キッズフォトジャーナル　岩手、宮城、福島の小中学生33人が撮影した「希望」』という、1冊の本がある。東日本大震災の被災地の子ども33人がデジカメを抱え、思い思いの被写体を写し、文章を寄せたもので、一希もその33人のメンバーの1人になった。

　一希が切り取った1枚。それは家の中の風景だった。洗濯物が所狭しと海藻のように垂れ下がる部屋。漫画やゲームソフト、コンビニの袋などが散乱するなか、寝転んでテレビゲームをやっている友達を写したワンショット。写真にはこんな一文が添えられている。

「家のなかでしか遊べなくなってしまった。椎名一希」

　敦子は絶句した。

「ああ、この世界が、あの子たちのすべてだった。そうだったんだって。こういう状況に追い込まれた自分の今を、自分で撮って記事にした。あれが、あの時の私たちの全てだった」

ぼくたちがいま世界中の人に伝えたいこと　伊達市立小国小学校6年　椎名一希

それは、大量の放射能がぼくたちの大好きな霊山町にもふりそそいだことです。

あの日以来、ぼくたちの生活は変わりました。外に出るときは、どんなに暑くてもマスクをして、ぼうしをかぶり、長そで、長ズボンを着なくてはいけませんでした。

本当は震災の前のように、外で思いっきりソフトボールをしたいし、自転車に乗って友達と遊びたいです。おばあちゃんの畑も放射能でよごされてしまい、大人はその畑の野菜を食べているけど、ぼくたちは内部被曝がこわくて食べないようにしました。

どうしたら、ぼくの住む町から、放射能をなくせるのか教えてほしいです。ぼくの大好きな元の霊山にもどってほしいです。


（『3／11キッズフォトジャーナル』）


夫の亨が中津川に合流し、敦子の弟一家が避難している鳥取まで一家4人、車で出かけた。鳥取砂丘を子どもたちは裸足で駆け上がり、車は窓を開けて走らせることができる。

2人はこんな話をした。

「これが、普通なんだね。原発事故が新聞の見出しに毎日出るような生活は、子どもにはさせたくないね」

2人は決めた。自主避難だと。

愛知キャンプを企画したグループに「避難したい」と相談したところ、すぐに動いてくれ、アパートの目星もつけてくれた。

1月末、4人で部屋を下見に行った。子どもたちは「避難なんて、絶対にいやだ」と言い張ったが、2月始めに「このまま進めてください」と正式にお願いをした。引越し先は愛知県大府市、いい場所だと2人は思った。子どもはいくら泣こうが駄々をこねようが、引っ張ってくると決めていた。

3月、一希の卒業式の翌日に、敦子と子どもたちは愛知県に引っ越した。

亨は言う。

「俺らが40から41になるのはあまり変わらないけれど、子どもが8歳から9歳になるのはものすごく違う。すごく大きい。その1年を、鳥かごのようななかで過ごさせてしまった。じゃあ、2年もそういう生活をさせるのか。学校に徒歩で行かせない、外でスポーツをさせない、給食を食べさせない、外に出る時はマスク、これを来年も続けるのか。無理だ。普通じゃない。子どものためにもよくない」

夫婦が、1年かかってたどりついた結論だった。何度もけんかもしたし、言い合いにもなった。でも2人で向き合い、諦めず、とことん突き詰めて話しあった、その結果だった。敦子はこう振り返る。

「いろんなリスクを背負わされて、子どもの未来も守ってもらえず、結局、親ががんばるしかないんだなーというのが、この1年で私が得た結論でした。残っている人が正しいのか、離れたほうが正しいのか誰もわからない。でも自分が決めて動いたことは間違っていないと言い聞かせて、避難した。親が未来を見出せないなら、子どもも見出せないから」

自主避難ゆえ、赤十字の家電セット以外の支援は家賃の補助と亨が妻子に会いに来る際の高速道路の無料化のみ。それでも2人が得た、あの場所に子どもを置いていないという安心感は、何ものにも代え難い。

亨には忘れられないシーンがある。引っ越し先に赤十字からの支援で、洗濯機が来た日のこと。敦子は早速、新しい洗濯機で洗濯をした。

「うちの奥さん、『外に干せる!』って言ったんですよ。外に干せるのがうれしいって。外に干した洗濯物はごわごわで、肌触りは悪い。でも、それが気持ちよかった。奥さんが喜んでいるのが、喜びでした。なんのことはない、洗濯を干すという、普通のことなのに」

2012年3月29日発行、「だて市政だより」において、伊達市教育委員会教育長・湯田健一はこんなメッセージを寄せた。

「福島県内の多くの教育関係者が、『伊達市は放射線の課題によく取り組んでいる、一生懸命の取り組みを見習いたい』と話してくれています。私も全国で最も頑張っている伊達市と自負しています。子どもたちも大きく成長しているはずです。放射能を正しく理解し、放射能を怖がらず、伊達市を支援してくれている人たちの恩に報いるためにも、この24年度、伊達市の皆で放射線に立ち向かっていきたいものです」

第2部

不信

除染元年

「……平成24年度は一層の具体的取り組みを行っていくべきものと考えており、特に除染は対策の基本であり、その意味で、今年度はまさに『除染元年』というべき年度であると認識しているところであります。

過日、今年度予算が成立しましたが、例年の一般会計規模が約250億円であるのに対し、今年度は放射能対策費約240億円を加えて総額約490億円、例年の約2倍の予算規模となりました。放射能対策費中、約210億円が除染費用であり、放射能対策はまさに除染にかかっていると言っても過言ではありません」（「だて市政だより　災害対策号」55号　平成24年4月12日発行）

仁志田昇司市長は、2012（平成24）年度を「除染元年」と高らかに宣言した。周辺自治体より一歩先んじてスタートした除染だったが、仮置き場設置が難航したこともあり、初年度の民家除染は40戸にとどまった（「『伊達市の除染』について」２０１３年10月、伊達市）。だからこそ、ここから一気に除染を加速化していくという、市当局の揺るがぬ意思の現れでもあった。

しかしこの後、唐突に、除染に「区分け」という概念を導入することを市長は告げるのだ。

「除染は線量の高低によって、Ａエリア＝特定避難勧奨地点の存在する地域、Ｂエリア＝Ａ以外で比較的線量が高い地域、Ｃエリア＝１マイクロシーベルト／時間（年間５ミリシーベルト）以下の地域に分け、Ａ地域は大手ゼネコンによる面的除染、Ｂ地域は地元業者による地区別除染、Ｃ地域は地元業者と市民により住宅のミニホットスポットを中心とする除染、と想定しております」

どのような流れの中で出てきたことなのか、何の説明もなく、市民の前にぽんと投げ出された「Ａ・Ｂ・Ｃエリア」。

しかし、多くの市民はどれだけ重要な問題なのか気づくはずもなく、高いところと中間、低いところが伊達市にはあるのだろう。そして、除染の順番に名前をつけたのだろうという程度の理解だった。

まして「面的除染」や「ミニホットスポット除染」など、初めて耳にする用語もチンプンカンプンだろうし、伊達市独自の〈除染・新機軸〉の意味するもの、かつ、その意図を理解できた市民は、この時点で皆無と言ってよかったのではないか？

「面的除染」とは、住宅の敷地内＝生活圏をすべて除染するということだ。「ミニホットスポット除染」とは、文字通り、「スポット」に限定した部分的な除染を指す。しかも、なぜかご丁寧に「ミニ」まで付く。

ちなみに国の除染ガイドラインには、このような考えは入っていない。国は除染の長期目標を個人の年間追加被曝線量1ミリシーベルトと規定。1時間に換算すると毎時0・23マイクロシーベルトを除染基準として市町村が除染を進める「除染実施区域」が指定されている。伊達市ももちろん含まれているが、「スポット」に限定するということは想定されていない。

さり気なく挿入された大幅変更だが、市民はもちろん、市議会にもそれほど危機感はない。ABCエリアについては3月14日に開かれた、平成24年第1回伊達市議会定例会において議題にあがっている。

質問者は、菅野富夫議員。

（菅野）いわゆるA、B、Cのランク付けでやっていきたいというふうなお話もうかがっておりますが、A、B、Cのランクづけの分け方の考え方についてお話をお聞きしたいと思います。

答えるのは、半澤隆宏除染対策担当次長。菅野議員とのやりとりのなかで、このような説明を行った。

（半澤）Ａエリア、Ｂエリア、Ｃエリアということで分けさせていただいておりますが、（中略）Ａエリアにつきましてはある一定程度の面的な除染が必要ですので、人も必要だということで、そういった観点からＡエリア、Ｂエリア、Ｃエリアに分けて除染をさせていただくということです。線量を下げるという目的は同じなんですけれども、手法が若干違うということですので、そういった観点で分けさせていただいて、ゼネコンさんのほうにもいろいろやっていただきたいというふうに考えてございます。

市はここで、ＡＢＣで「手法が若干違う」と言っているが、菅野議員にこれ以上の追求はない。この時点で、市民ばかりか議員も、ここから何が始まるのか、わかってはいなかった。それは、市への信頼があったからだと思う。

多くが理解していた「除染」とは、降り注いだ放射性物質を取り除くということだ。事故前と同じに戻るとは思っていないが、まさか、降ったものをそのままにしておくエリアを想定しているとは、思いもしないことだった。

市民の脳裏にはまず、「山から全部除染する」という市長の言葉があった。最初に出された「除染基本計画」（２０１１年）で第１順位、第２順位とされたわけだから、ＡＢＣは除染の順番だと思っていた。

保原町に住む、川崎真理もこう振り返る。仕事と実家の対応に追われながらも、真理は伊達市の「市政だより」だけには目を通すようにしていた。ＡＢＣのエリア分けを目にした時、こう思ったという。

「やっぱり線量が高い方から除染するもんだし、ABCの順で除染していくんだなって思いました。となると、この辺は最後になるんだな、順番を待つしかないんだなって。でも、それもしょうがないと」

梁川町に住む河野直子も、同じ理解だ。直子は、上小国に嫁いだ高橋佐枝子の苦しみを間近に見てきただけに、率直にこう思った。

「そりゃあ、高い所からやるのは当たり前だよ。佐枝ちゃんちの方はものすごく高いんだから。とにかく順番を待っていれば、うちも除染してもらえんだとばがり思ってだよ」

水田渉も奈津も、すでに梁川町の住人になっていた早瀬道子もいずれ、自分が住む梁川にも除染の順番が回ってくるものだと思っていた。

しかし、伊達市はこの時点で決めていたのだ。Cエリアはホットスポットという、局所除染に限定するということを。Cエリアという市内の7割ほどを占める地域を、面的除染はせず、手付かずのまま残しても何も問題はないのだと。

このような重要な決定が、どのようにして決められたのか。おそらく、内部の会議が持たれたはずだが、それらを示す記録は市議会で追求されたにもかかわらず、一切ないと市当局は答えた。当時、月2回程度開催されていた「災害対策本部会議」においても、市長がただその事実を報告したのみだ。

市民は気づいていなかったが、Cエリア住人の苦しみの「始まり」はここだった。

平成24（２０１２）年度は、伊達市が最も多くの除染を行った時期だ。翌２０１３年が、それに続く。

２０１１年12月に創設された「除染対策事業交付金」。国から県、県から除染実施主体である市町村へと交付される、この除染交付金に注目すると、裏側から除染の実態が見えてくる。

県と伊達市から、除染交付金に関する資料一式を情報公開請求で得たが、２０１１年から最新の２０１６年度まで、開示された年度ごとのファイルの厚みだけで、その流れが如実にわかる。伊達市の場合、２０１２年、２０１３年が除染最盛期で、あとは下火になったという流れが一目瞭然だった。

除染交付金は、どのような流れで動いていくものなのか。なかなか表に出てこないものだが、南相馬市が唯一、「除染対策事業交付金交付要綱」と「除染対策事業実施要領」をネットでアップしてくれているおかげで、大まかな流れがわかる。

まず市町村から県に「除染対策事業交付金交付申請書」を提出、そこに除染対策事業実施計画書など必要な書類を添付する。交付金申請が決定すれば「概算払い」で、前払金を受け取ることが可能だ。

そうして前払いを受けながら除染作業を行い、終了すれば「除染対策事業実績報告書」を市町村から県に提出、同時に「除染対策事業交付金交付請求書」を市町村から県へ提出し、「概算払い」（前払い金）を引いた金額が市町村に交付されるという、一般にはちょっとわかりにくい流れがある。

伊達市は２０１２年４月１日、Ａエリア除染交付金を県に申請した。総額約１６８億円。

「だて市政だより」（5月24日発行）によれば、5月18日にAエリア5工区について大手ゼネコンと契約したと公表している。

富成地区：大林組、柱沢地区：清水建設、小国地区：西松建設、霊山町石田東部・月舘町東部地区：間組、掛田地区：清水建設。総額149億円。

5月30日に県は交付を決定、伊達市は同日、168億円のうち、約44億円の概算払い請求を行っている。この44億円を前払金として、除染作業を開始するということだ。

5月31日には、Bエリアの除染交付金約120億円を申請。このBエリア120億円の除染交付金は、のちに奇妙な経緯を辿ることになる。

こうして除染という一大事業が、「除染元年」の新年度幕開けと同時にダイナミックに展開されていくのだ。

1 「蜂の巣状」

川崎真理が自宅の放射線量を測定したのは、2011年秋のことだった。

「検針先の人から、市役所で貸してくれるって聞いてすぐに借りに行って、ひとりで測りました。家の設計図をコピーして、そこに線量を書き込んでいって」

几帳面な文字で細かく、自宅内外のポイントに線量が書き込まれている。

「とくに、子どもが通る場所は把握しておかないと、と思いました。1階の方が、2階より下がるんです。1階の居間が0・34、2階の床が0・4、2階の天井近くのカーテンレール上に置くと0・86。みんな2階の高いところで寝ていた。一番低かったのは玄関、だからあそこで生活するのが一番いい」

川崎家は屋根も外壁も、直線的な造りの家だ。周囲は田んぼで遮(さえぎ)るものが何もなく360度、視界が開けている。大きく窓が切られているのも特徴で、それゆえ、窓の近くは線量が高い。ただ、この時点で、真理に危機感はほとんどない。広報の市長メッセージの言葉を信じていた。

「あまり伊達市に疑問を持つこともなく、ガラスバッジも他に先駆けてやってくれたし、ちゃんとやってくれてるんだって」

無防備に行政を信じていた真理に変化が起きるのは、平成24年3月30日付けの福島県と福島県立医科大学連名の通知が届いてからだ。それが健太と詩織の名前が記された、「甲状腺検査の結果についてのお知らせ」だ。

今回の甲状腺超音波検査の結果について、慎重に診断を行い、次のとおり判定しましたのでお知らせいたします。

なお、次回の検査は、平成26年度以降に実施いたします。今回、異常がみられなかった方も受診されることをお勧めします。

今後も、県民の皆様の健康を見守るため甲状腺検査に継続して取り組んでまいりますので、ご理解とご協力をよろしくお願い申し上げます。

「(A2)小さな結節(しこり)や嚢胞(のうほう)(液体が入っている袋のようなもの)があります

が、二次検査の必要はありません」

たった、これだけだった。

健太も詩織も、どちらも「A2」。

福島県は、平成23年3月11日時点で概ね18歳以下の全県民を対象に、平成23年10月から甲状腺エコー検査を実施した。検査1回目は「先行検査」と呼ばれ、平成26（2014）年3月までに行われ、続いて検査2回目の「本格検査」に移行する。これは、平成26年4月から28（2016）年3月までだ。その後、20歳を超えるまでは2年ごと、25歳、30歳の5歳ごとに実施され、長期にわたり見守るという方針が出されている。

健太や詩織が小学校でエコー検査を受けたのはこの年の1月26日、伊達市は「先行検査」の対象区域だった。

先に、椎名敦子のところでも触れたが、検査結果はA判定、B判定、C判定にわかれ、Aは〈A1〉という結節や嚢胞を認めなかったもの、〈A2〉という5・0ミリ以下の結節や20・0ミリ以下の嚢胞を認めたものに分かれる。Bは5・1ミリ以上の結節や20・1ミリ以上の嚢胞を認めたもの。Cは甲状腺の状態から判断して直ちに二次検査を要するものとなる。真理は言う。

「私、この頃ってあまり考えてなくて、これ見て大丈夫なのかなって思ってた。二次検査の必要がないから大丈夫なんだって。だって、〝あの〟県立医大で検査してくれてるんだし」

真理が「あの」と言うように、福島県民にとって県立医大は揺るがぬ信頼を誇る最高の医療機関だった（原発事故以来、信頼は落ちる一方だが）。

真理の近所に住む、水田奈津の反応は全く違う。

「娘のひかりだけがA2で、本当にショックでした。だけど、この通知だけでは何もわからないし、とにかく不安だったので、私、医大に電話したんです」

通知に書いてあった問い合わせ番号にかけ、こちらの名前を言うと折り返し、電話がかかってきた。相手が医師なのかどうかはわからない。その男性は電話ではっきりと言った。

「嚢胞が数個あって、一番大きいもので3・8ミリ。心配ないですよ。嚢胞は水みたいなのが入っているだけですから」

奈津は、納得できない。

「私は、心配です。再検査をしないのですか？　通常の健康診断なら、異常が出れば、すぐに再検査をするものですよね」

「大丈夫ですから、再検査はしません」

「じゃあ、自費で再検査をさせたいので、医療機関を紹介してください」

「それは、できません」

「では、どうしたらいいのですか？」

「かかりつけのお医者さんに相談してみてください」

「わかりました。では、娘のデータを渡してください」

「それはできません」

これ以上は、並行線。ラチがあかないので電話を切ったが、奈津の胸にはどうにも割り切れない、もやもやしたものが残った。

近所のクリニックで看護師をしている人に自分の不安を話したところ、思いもかけない答えが返ってきた。

「甲状腺の検査をやってくれる先生が、保原にいるよ。甲状腺の先生は月曜日しか来ないので月曜日しか診察とか検査はできないけど」

奈津はすぐさま、ひかりと真悟を受診させた。春休み期間のころだった。真悟はA1、ひかりはA2だった。通知結果と同じだったが、医師と話して、ひかりは半年ごとに受診させ、経過を見ていくことにした。奈津は言う。

「エコー検査は目の前で見ながら大きさなどを教えてくれて、画像もその場でもらえました。1週間後に血液検査の結果説明もしてもらい、ようやく安心できました。念には念を入れたかったんです。それで娘がなんともないんなら、それに越したことはないですから」

母としての、せめてもの思いだった。


それは偶然のことだった。詩織が遊びに行った家に迎えに行った時、真理は玄関先で母親と立ち話をした。その母は真理にこう聞いてきた。

「言いたくなければ無理に教えてくれなくてもいいんだけど、詩織ちゃん、甲状腺、どうだった？　何て来た？」

真理には、何のためらいもない。

「うちはA2だけど、二次検査の必要はないって書いてあったし」

真理はあの頃の自分を思い出すと、笑ってしまう。

「まだ、〝エー・ツー〟なんて言ってないんですよ。〝エー・に〟って、言ってたんですから」

何気ない会話のはずだった。しかし、真理に行政への疑念が生まれたのはいつかといえば、ここになる。その母親は教えてくれた。

「でも、別な病院で診てもらったら、A1だった子がA2だったんだって」

頭を棍棒か何かで、殴られたような気がした。

「えー！　何にもない子が、実はあったの？　ほんとに、あったのがい？　なら、うちは2人ともA2だから、もしかしてBなの？」

あれ、なんだろう、なんだろう。このもぞもぞする、おかしな思いは。今まで大丈夫だって信じていたのに。その聡明な母は、真理にこうアドバイスした。

「地元で診てもらえるんだから、クリニックに行ったほうがいいよ。ただし、月曜しかやってないからね」

そのクリニックは、奈津が子どもたちを受診させたところと同じだった。しかし、健太も詩織も月曜はスイミングの日。本人たちは頑として休みたくないと言う。なら、週末に行事があって、振替休日になる月曜に予約を入れようと電話をしたところ、思いもかけない返事が戻ってきた。

「すみません。今はちょっと、診れないんですよ。県からストップがかかっているんです。県が検査をやっているのに、他の医療機関でもやると、医療費が二重に使われることになるって。私たちも今、県からの指示待ちなんです。その指示が出るまで、待っていてください」

今までは検査をしてもらえたのに、どうしてできないの？　一体、何が起きているのか。できないって、どういうこと？　なぜ、門前払いにされる？　真理が抱いた強烈な違和感、その直感は正しかった。水田ひかりたちが検査を受けたのは、春休み。真理が動き出したのは新学期が始まって、1ヶ月ほど経っていた頃だ。この間、県が何かを画策し始めたのだ。

検査を勧めてくれた母親に事情を話したところ、また真理が知らないことを教えてくれた。

「医大に電話すると、（嚢胞の）数は教えられないけど、大きさだけは教えてもらえるんだって。だから、電話してみなよ」

真理は医大のコールセンターへ電話をした。6月26日のことだった。奈津の時と同じように受付で名前を告げ、午後に医大から電話がかかってきた。

「医師のような人が健太と詩織のデータをみて、電話をかけてきた。だけど専門用語でなんたらかんたら言ってきて、あたし、あああーってわけわかんない。今なら知識が入っているから違う対応ができたと思うけど、この時点では何も知らないから」

真理は必死でメモをした。切れ切れのメモにこんな言葉が並ぶ。

「複数ある」「最大の数値は言える」「最大で3・8ミリ、詩織」「2・5ミリ、健太」

たたみ掛けるような口調に、真理は必死で食い下がる。

「ああ、そうなんですね。しこりじゃないんですね。大丈夫なんですね？」

男性はさらりと言う。

「大丈夫ですよー。二次検査の必要はありません。Bじゃないですから」

「これって、がんになるのではないですか？」

「いやー、医学的にみて、福島の事故はチェルノブイリより被害が少ないですから。原発の影響はないですよ。心配ないですよ」

結局、手にした通知と同じ。いいようにあしらわれた、真理が得た印象はそれだけだ。

母親たちの問い合わせが医大に殺到した。あんな通知1枚で、納得しろということ自体、無理な話だ。A1ならまだいい。A2ということは、わが子の甲状腺に何かがあるということなのだ。母親たちの抗議を受ける形で、7月30日付「甲状腺検査　A2判定結果に対する追加説明のお知らせについて」という通知が発送された。

……前回のA2判定の結果通知では、A2判定においては、小さな結節（けっせつ、しこりのこと。）であるのか、嚢胞（のうほう、液体の入った袋のようなもの。）であるのかについて、分けた説明となっておりませんでしたので、今回改めて下記のとおり結果についてご説明いたします。

前回の結果通知

小さな結節（しこり）や嚢胞（液体が入っている袋のようなもの）がありますが、二次検査の必要はありません。

今回の追加説明

（A2）②20・0ミリ以下の嚢胞（液体の入っている袋のようなもの）を認めましたが、二次検査の必要はありません。

これで一体、何がわかるのか。木で鼻をくくったような説明で母親たちが安堵できるわけがない。通知をもつ真理の手が震えていた。

「なんだ、これ。若干、詳しくなっただけ。ああ、はっきりわかった。もう信用できない。私は今まで何を根拠に、市や医大なら大丈夫だと思っていたのか」

しこりや嚢胞があるとされながら、「大丈夫だ」とそのまま2年、放置される。これで安心しろというのは無理な話だ。真理にとってここが明確な転換点だった。このまま市や県の言うことを聞いているだけではダメなんだ。それでは子どもは守れない。親が動くしかないのだと。

医療機関に対する県の結論が、ようやく出た。A1は再検査不可能、A2のみ再検査が可能、これが医大から各医療期間への通達だ。2人ともA2だったため、真理は地元のクリニックに駆け込んだ。県の検査と同じ甲状腺エコーと、県では行われない血液検査を健太と詩織は受けた。すでに、8月目前、7月30日になっていた。

「この結果が、私にとっては本当に衝撃でした。ここから娘への心配がずっと続くことになりました」

健太は2つの嚢胞が、片方の甲状腺だけにあった。健太の結果は安堵できるものだった。しかし、詩織は決定的に違っていた。

「お兄ちゃんは、嚢胞がぽんぽんと離れて2つだけ。だけど娘は無数に、ばあーっとあったんです」

エコーを操作する医師の口から、言葉が漏れた。

「いやあ、やけにあるなあー。いっぱいあるねー。こういうの、蜂の巣状って言うんだよ。これもあれも、嚢胞だねー」

横で画像を見ながら、真理は思う。

「医大の電話で複数あるって言ったけど、複数どころじゃないだろう。こんなに、あるじゃないか。あの電話ではせいぜい嚢胞があっても、二つか三つかって思ってた。この画像データ、電話口の医者は見てたわけでしょ。それでよくも、『大丈夫ですよ』ってあっけらかんと言えたものだ」

結局、子どものことなんかどうでもいいと思っている。真理の心に怒りがこみ上げる。

詩織は冷たいジェルを喉に塗られ、機械をぐにゅぐにゅ動かされ、じっと天井を見上げている。詩織も医師の言葉を聞いていた。この時、小学5年生。自分に何が起きているか、わからないはずはない。真理も呆然と、画面を見続ける。

「ああ、詩織、こんなにある。あああー、複数どころじゃないじゃないかー！　そもそも甲状腺の嚢胞ってどういうものか、あんな紙1枚じゃ、想像もつかないよー。こうやって直に見ないと何もわからない」

医師は淡々と操作を続ける。

「でも、大丈夫だよ。こういう人も、よくいるんだよ」

ところが、翌週に血液検査の結果を知らされ、真理は絶望の淵に追い落とされる。

問題となったのは、「サイログロブリン」の値だった。基準値範囲は0・0〜30・0。それが詩織は１６６・１。

サイログロブリン、聞いたこともない名だ。「甲状腺ホルモンの前駆物質」で、「甲状腺疾患において有用な検査の一つ」、さらには「甲状腺分化がんで高値を示すため、腫瘍マーカーとしての役割」とも言われるもの。

医師の言葉が、どこか遠くから聞こえてくる。これが果たして現実なのか、わが子に起きていることなのか。真理には何もわからない。どくんどくんと動悸が激しくなっていく。

検査結果を見た医師にとってもこの数値は、予想を超えるものだった。

「なんだ、この数字は！　いやー、高いね。高すぎる。子どもでこんなにあるのか」

真理の動悸は激しさを増す。「高すぎ」って、どういうこと？　高すぎる、高すぎる……、ぐるぐると同じ言葉が駆け巡る。

「大人で、甲状腺の病気の人はもっと高い数値になるんだけれど、だけど、子どもにしてはありすぎだな」

医師の前に座る詩織がどんな表情でその言葉を聞いているのか、真理には確かめることはできなかった。詩織は自分に重大なことが起きていることをわかっている。わかっているだけに忍びなかった。あまりにもかわいそうで、かがんで、その顔を見つめることができない。娘の肩に置く両手に力が入る。

医師は冷静に説明を続ける。

「嚢胞がしこりになるわけではないんですよ。嚢胞と嚢胞が押されて、その隙間がしこりになる。しこりは腫瘍だけど、悪性か良性かはまた別の問題。詩織ちゃんの場合、見た限りではしこりではないし。ただし嚢胞があるほどリスクがあるので、毎月1回、経過を観察することにしましょう。血液検査は冬休みとか、大きい休みの時だけでいいから」

医師は、目の前の詩織にこう言った。

「とにかく、海藻を食べるように。昆布じゃなくて、海苔とかワカメとか」

その日から、詩織はものすごい勢いで海藻を食べだした。味付け海苔をばりばりかじり、今まで避けていた味噌汁のワカメも、恐るべき量を次々と口に入れる。

「私はもう、詩織がものすごい量の海藻を食べるのを見るのが、本当につらかった。治したい一心で、必死で食べているのがわかるから。その姿がかわいそうで、たまらなかった。詩織の前で涙は見せなかったけど、見ているだけで胸がつぶれそう」

ひとりになると、真理は自分を責めた。

「あの時、詩織は外で遊んでた。私は仕事と父のことばっかりで、ちゃんと見ていなかった。3月に外に出て芝生を植えたのも、水路でガサガサやんのも、きつく止めなかった……」

詩織は兄の健太と対照的で、家の中で遊ぶより、外に飛び出していく子だった。事故当時は、小学3年生。だめだって言っても用水路から網で魚をとってくる。家の周りにある田んぼの用水路に網でガサガサすれば、フナもザリガニもタニシも面白いほどとれる。

「『用水路は線量高いから、行ってはだめだよ』って注意しても、本人は止められない。仕事から帰ってくると、家の前に戦利品の入ったバケツが、どーんと置いてある。ああ、また行ったんだって思いながら、魚を水槽に入れる自分はなんだろうって。魚も、絶対にベクれてる（セシウムが何ベクレルか入っている）のに」

川崎家を訪ねた時、居間には大きな水槽があり、丸々と成長した魚たちが元気に泳いでいた。真理は水槽を見ながらこう話す。

「これって、原発事故がなければ悪いことじゃないですよね。『この魚、戻してきなさい』って、子どもを怒ることじゃない。そういうふうに言わなければいけないのがおかしい、自由に遊ばせたいって、私は思ってしまう。だから私はちゃんとしてるようで、ちゃんとしてない親なんです。やるべきことをやっていなかった。徹底的にきつく、禁止すべきだった。結局、私のせいで、詩織がこんなことになったんです」

2012年7月、伊達市は他の市町村と一線を画す独自の事業に着手する。それが個人線量計（ガラスバッジ）を全市民（約5万3000人）に配布するというものだった。

「だて市政だより」（平成24年6月28日発行）60号にはこうある。

「7月からは全市民を対象に測定します。外部被ばく線量は、各個人の行動や職業により個人差があり、そのため居住地域の空間線量のみでは安心安全が判断できないため、全市民を対象に測定をはじめます。実測値を確認いただき、市民の皆さんの健康管理に役立てると同時に、外部被ばくの不安を取り除いていくことを目的に実施するものです。ぜひ身に着けていただくようお願いします」

間違いなく全世界で初めての、壮大な実験が幕を開けようとしていた。全ての市民を対象に

1年間、個人線量計のデータを取る。個人線量計を提供するのは、放射能アドバイザー・田中俊一が副理事を務める放射線安全フォーラムのメンバー「千代田テクノル」。伊達市は市民全員が参加する、前代未聞の実験場となった。

2　小国からの反撃

「だて市政だより」（平成24年6月28日発行）60号、市長メッセージ。

「特定避難勧奨地点の指定を受けて、早くも1年が経過しました。この制度について、当市としては始めからコミュニティを破壊する恐れがあるとして、『地点』ではなく『地域』にすべきであると主張してきました。しかし、国は、放射線量の高低により世帯ごとに指定するのが基本で、制度の根幹にかかわるとして頑なに認めませんでした」

「地点」でいいとしたのは、市長だったはずだ。椎名敦子たち小国小PTAや多くの住民が「地域」での指定をあれほど望んだにも関わらず、アンケートも説明会もなく「いい制度だ」と乗っかったのは伊達市のほうだ。このメッセージを市長はこう締めくくる。

「……除染が進み、ある程度の放射線量の低減傾向が認められる状況に至れば、国に解除の要請をしていきたいと思っております。

施工業者、市行政、そして市民の３者が一体となって除染を進め、１日も早く、特定避難勧奨地点の指定が解除され、元の健全なコミュニティを取り戻しましょう」

市長の、この他人事のような能天気なメッセージが、どれほど小国の住民の心に届いたかはともかく、この頃、夜も更けてくると、市議・菅野喜明の家にこんな電話がかかってくるようになった。受話器をとるなり、決まって怒声だ。

「おまえは地点だから、動かないんだろう。働かないなら、殺してやる」

「おまえ、たんまり、金もらってんだろう。とんでもない野郎だ」

「おまえ、地点だろう。議員のくせに。これから殴り込みに行くぞ！　亡き者にしてやる」

こういう殺害予告のような電話はいっぱいきたと、喜明は力なく笑う。

喜明は相手を刺激しないように、なだめることしかできない。

「うちは地点じゃないですよ。誤解ですから、殺さないでください」

「地点じゃないですから。おじいちゃんもいい年なので、家に来るのだけはやめてください」

声で、誰かはすぐにわかる。普段は穏やかな人なのに、酔いにまかせて、ぐでんぐでんになって電話をかけてくる。それほど小国の住民には鬱憤（うっぷん）がたまっていた。

それは当然だと、喜明は言う。

「エリアとしての指定じゃないわけですから、隣近所で殴り合いをするのと一緒ですよ。殴り込みに行くと言ってきた人だって、目の前が勧奨地点ですから、そうなりますよ」

ちょうどその頃だ。喜明をわざわざ訪ねてきた小国の人間がこう言った。

「あんた、このままではダメだろう。このままではシャレにならないことになる」

地点の設定で、あっという間に小国のコミュニティは崩壊した。今、なんとかしないと修復は不可能だ、議員である喜明こそ、動くべきだと突きつけられたのだ。

市長が考えるように、「地点」がなくなれば元に戻るなどというそんな甘いものでは決してない。それほど住民の間に刻まれた溝は深い。

33歳で初当選した、1年生議員。「普通の議員生活は、9ヶ月しかできなかった」と喜明は頭をかいて苦笑する。原発事故が起き、地元・小国は激動の渦に巻き込まれていく。

生まれは上小国。県立福島高校から早稲田大学へ進学。専攻は文化人類学で、インドネシアに留学経験もある。卒業後は1年弱、インドネシアの海洋民族の村に住み、研究を続けた。夜、月明かりの下、浜辺でエイを突いていたと言うが、朴訥な人柄とどっしりとした身体でそのまま海洋民族のコミュニティーに溶け込んでいただろうと容易に想像がつく。

一通りの研究を終え、帰国後は国会議員になった大学の先輩から声をかけられ、議員秘書をすることになった。国の政治と関わるようになって1年、地元から市議選に出ないかと声がかかる。引退する親戚の議員の後継者にという話だった。当時、母が末期がんだったということもあり、喜明は故郷に戻る決心をする。２０１０年1月、19歳で故郷を離れてから14年、33歳での帰還だった。

2ヶ月後に母が亡くなり、翌月に選挙。掲げたスローガンは、「人が増える伊達市をつくろう」。見事、初当選を果たし、伊達市議会唯一の30代の市議が誕生した。

特定避難勧奨地点が設定され、何百年と培ってきた小国というコミュニティがあっけなく瓦解したのは、当然のことでもあった。

「地点」になれば、じいちゃん、ばあちゃん、孫が2人いる6人家族だったら毎月、60万円の慰謝料が東電から支払われる。しかも、避難しなくてもいいのだから、いつも通りの暮らしを平然と送っている。目と鼻の先に住んでいながら、「地点」の家には毎月、60万円が入り、「地点」でない家にはビタ一文入らない。

自分の畑には税金がかかっているのに、「地点」となった隣の畑は税金が免除だ。とても並んで農作業などできたものではない。このどうしようもない不平等感を、どこに吐き出せばいいのか。「地点」が設定されたあとの小国で暮らすということは日々、このように胸がかきむしられるような思いに遭遇することだった。普段は理性で押さえ込んでいても、酔いが回れば、地元議員に電話をかけて凄みたくなるのも当然だった。

いろいろな「もやもや」が、住民の間に充満する。

「測りにくる前から、(地点に)なる人とならない人は決まってたんだ。その証拠に、両区民会長も小国小のＰＴＡ会長も勧奨地点を進めた人たちはみな、なってっぺ」

「おらん家より、低くて指定になってっぺ」

市長が初めて小国に来て開いた説明会で、「子どもをもつ親の意向を聞くよう」に市長に迫った、元市議・大波栄之助は、変わりゆく故郷を歯ぎしりする思いで眺めていた。

「小学生たちがかわいそうだった。避難になった子は、避難先からバスで送り迎え。避難になんなかった子たちも、そのバスに乗っけて守ってくんないかいって。その格差たるや……。結局、スクールバスを出すようになったが、なんで市が、子どもにそこまで格差つけねとなんねえんだ」

議会に傍聴に行った時も、同じ思いに駆られた。

「地産地消で地元の農家の作物を、給食に出すってよ。理由は農家がかわいそう。子どもの健康より、農家なんだよ。子どもはもっとかわいそうじゃないか」

この事態を何とかしないといけないという気運が、小国では高まっていた。

6月16日、菅野喜明は下小国に住む大河原宏志（当時69歳）と一緒に、南相馬市へ向かった。原子力損害賠償紛争解決センターへ集団和解申し立てを行った、「ひばり地区復興会議」に話を聞きに行くのが目的だった。大河原は会社員時代、取締役をしていた時に民事訴訟を起こした経験があったため、その経験を頼みにした。菅野喜明は言う。

「すでに和解が成立した案件だった。警察官や消防団など職務で避難できなかった人たちに対し、東電は避難した人たちには賠償を払ったのに、避難しなかった人には払わなかった。それはおかしいと申し立てを行い、避難しなかった人にも避難者とほぼ同額を出すという形で解決した」

詳しい話を聞いた喜明は、確信した。

「この弁護団なら、勝てるかもしれない。勝てない人にいくら頼んでもしょうがない」

今、小国に渦巻く鬱憤を解消するために考えられることは、「地点」にならなかった人に対する、「地点」と同等の慰謝料だ。その道しか、崩壊したコミュニティを再生させる方法は見つからない。

6月24日、喜明は行政区長たちと一緒に、再び南相馬へと向かった。南相馬の集団和解申立を行った原発被災者支援弁護団の弁護士に、より詳しく小国の状況を説明するためだった。その場には同弁護団の共同代表、丸山輝久弁護士もいた。

「小国の放射線量マップと、小国小学校で行った住民説明会のＤＶＤと、これまでの経緯をまとめた資料を渡して説明したら、丸山団長はものすごく驚いた」

同席していた若手弁護士は言った。

「これは、ひどい。こんなひどいことが行われていたなんて知らなかった。国賠をやりましょう。国賠やっても勝てます、それぐらいの状況です」

国家賠償請求に十分値するという根幹は、同じ地域に住む住民にかけられた、あからさまな不平等、不利益を指していた。

7月11日、丸山弁護士はじめ３人の被災者支援団の弁護士が、ヒアリングのために小国を来訪した。迎えたのは上小国と下小国の両区民会長はじめ、さまざまな住民だ。聞き取りの後、放射線量や地点の指定のされ方など、実際に現地を見てもらった。

7月30日、上京した菅野喜明は弁護団の事務所で今後の方針、タイムスケジュールなどを協議、8月10日、両区民会長と行政区長などが集まり喜明の報告を聞いた上で、小国としてどう動くか、方向性を決めた。大波栄之助が言う。

「弁護士から最初に言われたのは、『これは、訴訟だ。１００％勝てる』と。そっちにしようと言われたけど、まず、お金がない。どれだけの人がついてこられるのかという問題もあった。何より、時間がかかる」

喜明が後を続ける。

「全員が参加できて、この不公平感をなんとかしようというのが、そもそもの目的なんです。となると賠償ではなくて、慰謝料請求だと。それしかない。賠償を選択すれば、訴訟となり、訴訟費用も相当な額だろうし、勝てるかどうかもわからない。判決が出るまで5年になるか、10年になるか。そこまで待てない。今の状況を変えるためにも、なんとか形を作りたい。それには慰謝料請求しかない」

精神的慰謝料を求めるＡＤＲ（裁判外紛争解決手続き）、集団和解申立。これが取るべき、たったひとつの道だった。

8月30日、丸山弁護士はじめ6人の弁護士たちが小国を来訪、区長、班長、区民会の役員を対象にＡＤＲについての説明などを行ったその場で、住民の意思は決定した。

ＡＤＲをやろう、これが住民の総意となった。そしてこの場で、ＡＤＲを行う核となる合同委員会の立ち上げと、そのメンバーが発表された。委員会の名は、「小国地区復興委員会」。喜明は事務局となり、実務を一手に担う役目を引き受けた。委員長は大波栄之助、副委員長は下小国から直江市治。上小国・下小国の両区民会長も筆頭に名を連ねる。喜明は言う。

「両区民会長は2人とも『地点』なので、地点じゃない人が、委員長と副委員長になるしかない。栄之助さんがトップに立ってくれたことが大きかった。栄之助さんの人望に助けられました」

委員会はできた。このままADRに進む前に決めておかねばならない、重要な問題があった。それは、獲得した賠償金をどう分配するかということだった。たとえば各家庭の個別事情が異なれば、賠償金の金額にも差がついてしまうのか。「地点」に近いかどうかで、5万、10万と手にする賠償金を変えるのか。

この点については、喜明はじめ復興委員会のメンバー全員に固い思いがあった。

喜明はきっぱりと言う。

「我々が困っていたのは、『地点』というものができて隣近所に格差ができたこと。賠償金額に差が出れば、また格差ができる。ならば、このADRをやる意味がない。また、けんかになっちゃうわけで、格差是正のためにやるのだから、これ以上の格差は増やさない。そこで賠償金は平等に分配することへの同意を、参加の条件にしたのです」

賠償金の分配を受けるために、委員会は二つの条件を設けた。一つはこの申立に参加すること、二つ目は精神的慰謝料については平等に分配すること。この二点について同意書を作り、署名をしてもらうことが参加の条件となった。

弁護士を呼び、八つの行政区で住民説明会を行い、「できるだけの人が参加してほしい」と呼びかけたところ、住民の約90%にあたる1000人もが参加を表明した。喜明は言う。

「『どうせ、だめだから参加するな』と妨害をする住民もいたし、指定になっていて、市から根回しされているような人も反対に回った。『どうせ、弁護士の金取り（儲け）だ』と、脅す人もいた。そういう中でこれだけの参加を得たのは、栄之助さんのおかげでした。大波栄之助という委員長への信頼があった。あの人がやってくれるなら大丈夫だと、トントン拍子に人が集まった。もっともそれだけ、皆さん、頭にきていたわけですが」

大波は小柄な痩軀を傾け、おっとりと話す。

「ほれ、こっちには市会議員がいてまとめは上手だし、大河原さんは会社で賠償請求の経験がある。だから、すごく助かりましたね。参加者を集める苦労はそんなになかった。私ができる限りのことをやると約束したら、ありがたいことに、みんな、乗っかってくれました」

こうして1000人もの人間が申し立てる集団和解申立という、これまでの原発事故がらみで最大規模のADRが行われることとなった。参加者の内訳は小国地区から900人ちょっと、石田坂ノ上地区から100人、月舘町の相葭地区からも4世帯が参加した。

メンバーは揃った。当面、必要になるのが弁護団への着手金だ。これをどうやって工面するか。喜明は言う。

「弁護団が住民説明会で、着手金についてこう話しました。1人一律2万円、ここにプラス消費税。この着手金のほかに通信費が1万、1人3万1000円を出してくれと。さすがに、出せる人はいないですよ。全員、法テラスで借りてもらいました」

「日本司法支援センター　法テラス」は経済的に余裕がない人を対象に、弁護士費用を肩代わりし、分割でその費用を返済することができるところだ。大波が補う。

「当時、家庭の出費が大きかったですよ。避難させていたり、野菜も買って食うようになった。農家のものが売れなくなったから、収入も入ってこない。現金で、1人3万ずつ集めるのは難しかった」

法テラスの手続きなど、事務作業を一手に担ったのは喜明だ。喜明にはいつからか、休みというものが消えていた。それだけではない。恐ろしい借金を抱える可能性だってあった。

「1人、3万を払ってやるんですよ。万が一、ゼロという可能性だってある。そうなると、『おまえ、払え』となる。1000人だから、3000万。法的にはないとしても、道義的な責任は免れないし、結果、3000万の借金を背負うということも考えられた。私、次の選挙、ないですね。私と栄之助さんは責任取らされると思いました。地元にはいられなくなるだろうと思っていました。これ、着手金の3000万円で、賠償金を小国にもってこいという話なんで」

100日以上、休みがないのもザラだったと、喜明は汗をかきながら笑う。それでもやるしかない。それは、ひとえに地域コミュニティのためだ。そして、もうひとつ。

「私は、ゆくゆく原発は全廃すべきだと思いますが、原発が現にあって、こういう制度（特定避難勧奨地点）を残すと、絶対に日本のためによくないと強く思うんです。これだけめちゃくちゃな制度を作って住民に押し付けて、誰も是正しない、異を唱えないというのは、将来の日本のためによくない。だから、命がけですよ。こういう不正がまかり通るというのを、そのままにしていては絶対によくない。賠償請求だって、小国で誰も動こうとしないし、じゃあ、自分たちでなんとかしなきゃと。とにかくもう、必死でした」

3　公務員ですから

2012年、新年度が始まってまもなく開かれた、小国小学校のPTA総会で、教頭は保護者にこう通告した。

「新年度にあたり1日に1時間を目安に、屋外活動を行う方針です」

あまりにも、唐突な屋外活動解禁通告だった。会場にいた早瀬道子は、思わず耳を疑った。高線量ゆえ、指定にならず地域に残った子どもたちの通学のために、スクールバスが運行されている場所だ。子どもを歩かすことができないほどの高線量の地域なのだ。学校の除染は行われたとはいえ、屋外活動を解禁していいほど急に線量が下がったわけではない。なぜ、年度が変わっただけで180度の方向転換ができるのか。

「保護者の思いを一度も聞いていないのに、どうして子どもを屋外に出すなんて決まったの？こんなの、あり得ない」

これまで小国小は「受ける必要のない線量は、できるだけ受けさせない」という考えで、子どもを被曝から守ってきた。学校側はこの考え方に基づき、「必要な活動に限り、必要最小限の時間を考慮」すると説明するわけだが、そもそも違うだろう。なぜ、わざわざ子どもを外に出して、「受ける必要のない線量」を浴びさせようとするのか。

道子をはじめ保護者たちは、実際に保護者が屋外活動再開についてどう思っているか、アンケートを取ってほしいと要望した。

たとえば、3ヶ月前の1月26日発行の「だて市政だより」。

市長はここで、ガラスバッジの測定結果について言及している。前年9月から11月まで3ヶ月間の累積線量について、小国小学校がある霊山地域の平均値は0・71ミリシーベルトで、市内で最も高い。ちなみに最も低い梁川地域は、0・17だ。

霊山地域のデータは、年間3ミリシーベルト近い追加線量を示していた。しかも、あくまで霊山地域の平均値だ。「地点」にならず、線量の高い場所で暮らす子どもは現にいる。いくら伊達市教育委員会から屋外活動再開の指令があったとしても、一律に子どもに強いることではない。

PTA総会で示された保護者の要望を受ける形で、「学校における屋外活動の意向調査」実施の「お便り」が各家庭に配布された。そこには参考になる数値として、4月の放射線量が末尾に記されていた。校庭中央で、0・44〜0・46マイクロシーベルト／時。これは除染された校庭の中央という、最も低いと思われる場所での数値だ。

「お便り」の裏には、文科省が提示した「計算式」に当てはめた「小国小において受けると思われる線量について」の計算が展開される。学校生活を8時間（屋外で3時間、屋内で5時間過ごしたと仮定して）、もっとも高い数値で計算（校庭中央…0・46、教室中央…0・12）する。授業日数は年間200日、自然放射能、想定される内部被曝量も組み込んで式は出来る。

その式の答えは、学校における外部被曝分0・274＋内部被曝線量0・030＝0・304ミリシーベルト／時。そして、この一文が添えられる。

「文部科学省が安全と考える基準『年間1ミリシーベルト』の3分の1以下ぐらいになります」

5月初め、保護者への「お便り」で意向調査の結果が公表された。

実家庭数、34人。うち、外での活動に賛成であると答えた方…26人（76・5％）、反対であると答えた方…2人（5・9％）、どちらにも記入があった、または、どちらにも記入がなかった方…6人（17・6％）。

圧倒的多数の親が、子どもを外で活動させることを望んでいるという結果となった。

「屋外活動がなくなり子どもたちがやや虚弱になっているような気がします。安全に対して十分に配慮されている学校では是非屋外での活動を再開してほしいです」

しかし、「賛成」だとしても、ほとんどの親にさまざまな躊躇がある。

「安全に配慮しながら行ってほしいです。毎日ではなく、本当に必要な時だけにしてほしいです」

この意向調査を受ける形で、「当面、1日1時間程度（必ず毎日という意味ではない）を目安に指導していく」という決定が「お便り」で伝えられる。

子どもたちが屋外でやらなければならない「必要な活動」とは理科の野外観察、栽培活動、体育の授業、それに運動会の練習。「必要最小限の時間」という断りが記されていた。

道子にとっては到底、納得できないことだった。1分1秒だって、小国の空気を龍哉に吸わせたくない。なぜ、わざわざ高線量の地域で、虫とか植物などの「野外観察」をさせるのか。

放射性セシウムを含む植物をわざわざ、なぜこの時点で子どもに育てさせるのか。収穫したものは廃棄するしかないだろうに。

のちに道子たち保護者有志が、外部の測定機関と連携して敷地内の放射線量の測定をしたことでわかったことだが、ひょうたん栽培を行った場所は、2マイクロシーベルト／時の線量があるフェンスそばだったという。ひょうたんを栽培し収穫することが、それほどまでに「必要な活動」なのかが理解できない。それより大事なのは「受ける必要がない線量は受けさせない」という、小国小の方針をそのまま貫くことではないか。

道子は龍哉からこんな話を聞き、慄然とするのだ。

「1年生とか2年生とか小さい子たち、とったばっかりのひょうたんをぺろぺろ舐めてたよ。できたのがうれしいって、喜んで」

道子の思いを逆撫でするかのように、学校側は、昨年諦めたプール授業を再開する動きを始める。5月17日の「お便り」は、「学校プール利用に関する動向について」。

「プール水の測定の結果、セシウム134が1ベクレル／kg、セシウム137が2ベクレル／kg検出されたものの、伊達市教育委員会の、基準値の10ベクレル／kgに当てはめて問題ないと確認されたと記される。

「お便り」の裏面には、文部科学省スポーツ・青少年局学校健康教育課からの「福島県内の学校の屋外プールの利用について」と題された通知がコピーされていた。プール使用についての文科省の考えと、「プール水から受ける線量の計算方法」という計算式が延々と展開されるのだが、なんともバーチャルな世界としか思えない。

この難解な数字の羅列を、受け取った保護者が丹念に読み込んで、「納得」すると誰が思うのか。理解を促すためというより、結論だけを突きつけているようだ。小難しい計算式はひとまず脇において、プール授業を行った場合、想定される線量についての文科省の結論を記す。

小学校の体育の授業を想定した場合、プール水から児童生徒が受ける線量は、0・0004 0ミリシーベルト。中・高校の部活動を想定した場合、0・0033ミリシーベルト。

2012年夏、国も県も市もこうして、福島県の子どもを屋外プールで泳がせようとした。ここまでしても、放射能に汚染された地域において、水泳という体育の授業を成立させたかったのだ。道子は怒りを隠さない。

「もう、プールなんてありえない。ふざけすぎている。肌を出すんだよ。コンクリートなんてものすごい線量が高いんだから。そこを素足で歩くんだよ、座ったりするし。プールなんて、もってのほか」

道子がいうように、6月6日の「お便り」で、小国小が出してきたプール周辺のコンクリート部分の線量は目を疑うものだった。この前日に測定した線量（マイクロシーベルト／時）なのだが、たとえばA地点。

「1センチ…1・15、50センチ…0・55、1メートル…0・51」

あるいは、こんな数値も示される。プール周辺の見取り図に50センチの高さで測定した数字が記されたものだが、そこに並ぶのは、毎時0・781、0・626、0・838マイクロシーベルト……という空間線量。ここに肌を露出した無防備な状態で、小学生をわざわざ連れてくるというのは正気の沙汰と思えない。

道子はひしひしと感じていた。屋外活動の時も意向調査はしたけれど、結局、学校の思う通りの結果となった。保護者の気持ちなんて置き去りにされたまま、外側からどんどん、学校を「通常」に戻そうとする動きが押し寄せてくる。新年度になるや、もう原発事故などなかったかのように、元の状態に戻そうとする怒濤のような動きに、道子たち保護者は翻弄されていく。道子は立ち尽くす。

「学校って、子どもを守ってくれる場所じゃなかったの？　少なくとも去年の8月、人事異動前の校長先生は、母親たちの気持ちにできる限り寄り添ってくれていた。あのころ、学校は力強い盾となって子どもを守る一翼を担ってくれた。だから私たち親も安心だった。しかし、新しい校長は親より行政側に寄っているとしか思えない」

このままでは保護者の思いが置いてきぼりにされてしまう。道子は母親たちに呼びかけて、保護者全員へのアンケートを行った。寄せられたのは、学校が行った意向調査と比較にならないほど厚みのあるものだった。27人の保護者が、じっくりと今の思いを書き綴ったものとなった。

「学校行事について慎重に考え、保護者の意見や考えを元に進めてほしい。避難している子がいる中、地域は高い線量だったことを忘れず、小国小学校独自のプラン、体制が必要ではないか。外活動の件や運動会のありかたなど、保護者の気持ちを無視しているように感じた」

「学校の周りも除染されていないのに、屋外活動がきちんと保護者の理解のないまま、運動会を一部、屋外で行ったことは失望した。…他の学校が、野外活動が始まったからといって、小国も同じくしようなんて考えはおかしすぎる。この生活が普通ではないので、もう少し慎重にしてほしい。プールなんて無理」

「ここで生活する以上、学校生活については先生たちを信用して、子ども達を通わせるしかありません。何が本当に安全かわからない今、最善の取り組みをしてもらいたい」


道子たち保護者有志は、アンケートの声すべてを書き出し、6月13日に「要望書」を作り、学校と教育委員会に提出した。

この翌日発行の「だて市政だより」59号。今回の市長メッセージのタイトルは、奇しくも「プールの除染と水泳の必要性」。仁志田市長は軽快にこう綴っていた。


「子どもにとって、夏といえばプールでの水泳ぎ、ということでしょう。

水泳は全身運動であり、成長期の子供にとっては極めて有効なスポーツであることは言うまでもありません。したがって、夏のスポーツとして水泳は欠くことのできないものであり、また、子どもにとっても、もっとも大好きなスポーツの代表です。

（中略）

今年は、昨年のそうした実証実績を踏まえて、子どもたちに精一杯泳いでもらおうと本格的な除染に着手したところです。昨年の試験結果からも必要に応じてコンクリートの表面を削るショットブラストによる工事も計画しており、これにより放射能の心配はまったくないプールとすることに自信を持って臨めるところです。
依然として、プールで子供が裸になって泳ぐことに心配する保護者もおりますが、今は空中に浮遊する放射能はまったくないことや、プールの水は茂庭のダムからの飲み水そのものであることからも、放射能について絶対に安心できるものです。
保護者の皆さん！　今夏は、子どもたちの心身の健康のために、プールで思う存分泳がせてあげましょう」

市長は「絶対に安心できる」という言葉を使って、子どもを存分に泳がせたいと訴える。それが、子どものためなのだと。子どもを何より大事に考えていると。果たしてそうなのか。「茂庭」というのは福島市にある清流の地だ。摺上川（すりかみがわ）のダムの水を使うから「安心」だと、なぜ言えるのか。そのダムにも同じように放射性物質は降り注いだのだ。「大丈夫＝安全」のイメージづくりのために、子どもが使われているとしか思えない。

結局、椎名敦子が痛感し、小国を離れた理由の通りとなった。

保護者の要望書に対し、学校側はたとえば屋外活動は学級の「お便り」を通して事前に連絡するなど、保護者の思いを尊重する姿勢を示した。

道子はどうしても、学校側の要望書への回答で入れてほしい一文があった。

「屋外活動の参加について活動時間を減らしてほしいというお子さんについては、屋内での活動を工夫する」

龍哉を外で活動させるつもりは毛頭なかった道子には、屋外活動に参加しないことも一つの選択肢として、そのような子どもへの別な対応を考えて欲しいという思いがあった。屋外活動に参加してもしなくても、子どもには同じ教育権を保障させたい。道子たち保護者有志は学校側に直に、お願いをした。

「校長も教頭も、目の前でちゃんと約束してくれたから、胸をなでおろしたんです。屋内を選んだ子どもへの配慮を。だけど結局、それはなされなかったんですけど」

学校との話し合いの場で親たちから多く出されたのが、これから本格化する小国地区の除染のことだった。母親たちは口々に訴えた。

「地域の除染が始まったらどうするんですか？　それでも屋外活動をするのですか？」

学校側は明確に回答した。

「いえ、除染中は屋外活動を控えます」

しかし、要望書の効果はどれだけあったのか、保護者の考えを聞くというのはポーズだったのか、約束はほどなく破られることとなる。

7月8日、小国小ＰＴＡでは市民放射能測定所など外部の機関の協力を得て、校舎内外の放射線量の測定を行った。測定者には「元保護者」として、椎名亨の名前もあった。

地表50センチの空間線量（マイクロシーベルト／時）は、決して低いとは言えないものだった。正門左の側溝が１・９１、校外のバス降車ポイントは２・３４、校門前の横断歩道前が１・４４、校庭南側柵雲梯近くで０・７８、体育館裏が２・９０、校舎裏（プール脇排水溝〈西〉）は２・３８あった。道子は言う。

「測定してみて、やっぱり小国小は高いということがよくわかった。学校にこのデータを渡したけれど、学校は公表しなかった」

8月21日には、伊達市放射能対策課による「Aエリア小中学校の空間線量率モニタリング」が行われた。その結果、3・2マイクロシーベルト／時を超える地点が7ヶ所あることが明らかになった。

地表1センチの値だが、体育館周囲で8・96、14・50、校舎前の校庭の1ヶ所で4・68。「ヘチマ」が地表1メートルで0・67、「ひょうたん」も地表1メートルで0・67、どちらも、子どもたちが栽培活動を行っている場所だ。

もっとも数値が低かったのが「校庭中央」。1センチで0・27、50センチで0・30、1メートルで0・29。保護者に「お便り」で毎回知らされる測定ポイントだ。

9月19日、信じがたい「お便り」が届いた。タイトルは「学校を取りまく放射線等の状況について」。

「調査の結果から、校庭の除染の効果が確認されたものの、通学バス乗降付近から正門にかけて、校庭脇・南側・東側・プール周辺・体育館裏など複数箇所にホットスポットが点在していることが確認されました。

ホットスポットについては、安全確保のため、赤いビニールテープが巻かれた笹竹をさしていただきました。また、児童には近づかないよう注意をうながしました」

なぜ、具体的に数字とそのポイントを校舎の見取り図で示さないのか。そうすれば注意すべき場所は誰もがわかるのに。もどかしさを感じつつ読んでいた道子は、わが目を疑った。夢であって欲しかった。

「9月12日（水）学校教育施設課でホットスポットの調査がありました。場所は校舎東側日時計付近の敷地外の排水溝と側溝です。（普段は、雑草が生い茂り踏み入らない場所）。翌日、作業員数名が来校し、排水溝の土と側溝にたまった砂の撤去及び校庭隅保管の山砂での遮へい作業が行われました。線量は、179マイクロシーベルト／時（作業前）から3・9マイクロシーベルト／時（作業後）まで下がりました」

「179？　そんなレベル、今まで聞いたことがない。179？　こんな場所に今まで、子どもを通わせて、そして屋外活動もさせるって……」

道子は翌日、学校に電話をかけた。応対したのは教頭だ。

「一体、昨日のお便りの179マイクロってどういうことなんですか？」

「いやね、役場で測ったら、こうなったんです。でもお母さん、大丈夫です。除染してますから、ご安心ください」

「なんで、3・9で安心なんですか？　なんで、今まで黙ってたんですか？　こんなに高い線量があるってことを。桁違いの数字じゃないですか」

「はははは」

教頭は急に笑い出した。含み笑いのような忍び笑いのような、どんな感情がそこにあるのか、判断のしようがない笑い。

「教頭先生、どうしたんですか？」

「いやあ、お母さん、ここだけの話ですが、前々から、線量高いの、知ってたんですよ」

何、言ってんだ。意味がわからない。かぶりを振りながら、道子は聞く。

「あのー、教頭先生、前々から知っていて、この対応なんですか？」

「この前、遠足に行ったでしょう。福島市のあづま運動公園。あそこもあの時、０・４あったんですよ」

「えー、そんなにあったんですか？　こっちはそんなこと、全然、知らなかったですよ」

なぜかわからないが、ポロポロと知らなかった事実が飛び出してくる。落ち着こうと道子は思った。横には和彦が付いていて、一緒にこのやりとりを聞いている。

「教頭先生、じゃあ、前々から知っていたのですね」

「はい、知ってました」

「知っていて、なぜ、保護者にそれを知らせなかったのですか？」

「だって、みなさんに公表すると動揺するじゃないですか。だから、しなかったんです」

保護者こそ、正しい線量を知らされるべきなのだ。自分の子どもをそこに毎日、通わせている身なのだ。これほど重大なことを保護者に隠しておいて、悪びれることなく笑いながら打ち明ける……。これが、教育者なのか。気を取り直して道子は告げた。

「教頭先生、３・９マイクロシーベルトでは、除染完了じゃないですから。もっと下げるようにしてください」

その場所に以後、除染の手が入ることは一切なかった。

今度は、持久走大会だった。10月12日の「お便り」によれば、11月15日に校庭で持久走大会を行うという。練習と大会には保護者の意思で「参加を申し込む」形で実施すると、一応、保護者への「配慮」は見せた。道子はまたもや愕然とする。

「外で、マラソンをさせる？ 信じられない。除染をやってるなかで、線量だって下がってないのに、マラソン大会をするってことがもう……」

持久走大会の練習がほどなく、校庭で始まった。道子は言う。

「龍哉は、走ることだけが取り柄のような子。だから、走りたいっていう思いを我慢させるのは、本当につらかった。先生たちはあの時、参加しない子たちには屋内での活動を工夫してくれると言ったのに、龍哉ともう1人の子は昇降口に立たされて、外活動を見学させられていたんだって。あとで龍哉から聞いて、本当に悔しかった。砂埃が舞う昇降口の、それも玄関で。走りたいって思いをぐっと抑え込んで友達が走るのを見てたんだと思う。私、その子たちには教室で何か、違うことをさせてくれるとばかり思ってた」

まるで見せしめ、罰ゲーム。悪いのは、外に出すのを拒む親なのだと言わんばかりに。

しかも持久走大会の練習をしている時、小国地区では盛んに除染が行われていた。親たちの願いはここでもあっけなく無視される。除染作業で放射性物質が舞う環境下、砂埃をあげて子どもたちは外で走る。道子は唇を噛む。

「所詮、学校の先生っていったって他人事なんだよね。親が学校のことを一部始終、見ていられるわけがない。親が見ていないことをいいことに、まあ、いいだろうって、そんなんばっかり。いくら頼んでも、お願いしても無駄。子どもを守るのが、学校じゃないの？」

10月26日、保護者有志で校舎内外の放射線量を測定することを学校側に申し出た。

「うちはもちろん、参加させるつもりはなかったけれど、外で持久走大会をやりたいと言うのなら、学校の周りをきちんと測定して、どこにホットスポットがあるかはっきりさせてほしいと、測定依頼をしたのです」

測定が予定されていた前日、25日付けの「お便り」で、持久走大会の参加状況の結果が報告された。

全校生徒44名中、参加が41名、参加見合わせが2名、未回答が1名。参加の41名のうち、練習を体育館で希望したのが3名となった。

学校は「外に出ている時間が20分程度、応援は比較的線量の低い校舎側で行う」と説明する。さらに「受ける必要のない線量をできるだけ受けさせない」ために、開会式、閉会式、準備運動は体育館で行うという。ここまでして、子どもを外で走らせたいのか。周囲で除染が盛んに行われている状況下で、なぜあえて校外で持久走を行わなければならないのか。

10月26日、道子たち保護者4名が測定のために小国小に行くと、迎えた教頭から校長室へと誘導された。校長は母たちの前でこう言った。

「学校は、最善のことをしています。そういった中で、このように心配されるお母さん方がいるわけですが、お母さんたちの気持ちにこれ以上、学校は沿うことができません」

学校のトップが、親の気持ちを尊重しないと面と向かって言ってくる。道子には今、何が起きているのかがわからない。真意をつかみかねる母親たちに、校長はこう告げた。

「ここは伊達市の学校です。私たちは、公務員ですから」

そんなことはわかっている。それが一体、なんだというのだ。子どもを教育する機関に勤務する、子どものために働く公務員、公立校の教員とはそういう人たちのことを指すのではないか。いぶかしむ母親たちに、校長はサラリと言う。

「なんなら、お母さんたちの思うようにできる、私立もありますから」

これ以上、つべこべいうなという宣告だった。学校の言うことが聞けないのなら、私立の小学校へ行けばいいという退場通告。

その言葉を、道子は今も忘れない。感情のかけらもない薄っぺらさ。この校長は行政が言えば、簡単に子どもの健康も未来も差し出すことができるのだ。

この日の測定でも、小国小学校の線量が決して低くはないことが明らかになった。2マイクロシーベルト／時を超えるところが数ヶ所あった。正門（敷地外、左プール脇）は1メートルの高さで8・70、体育館裏（土）は50センチの高さで3・30、校庭の南東は0・83、北東端は1・40、プール脇排水溝（西）は2・80……。プール脇排水溝（南）の表面汚染は、27万ベクレル／㎡。

この測定結果を保護者に公表し、子どもの安全に役立ててほしいと学校側に渡したが、「要らない」と返却された。

11月19日発行の学校だより「たてやま」には、「がんばりに拍手を！」と題し、子どもたちが持久走大会で走る写真が大きく掲載されている。

「苦しさに耐え、ゴールをめざす子どもたち」「下級生の大きな声援『がんばれー！』」「先頭をひたすら追い続ける第二集団」

写真のキャプションは、放射能のことなどまるでないかのようだ。

持久走大会の4日前の11月11日、住民から「小国小のプール側の放射線量が高い」という報告があり、民間団体「安心安全プロジェクト」がプール付近の線量調査を行った。プールの排水が流れる用水の地表。30マイクロシーベルト／時まで検出できる「日立アロカ」の測定限界を超え、別の測定器で測定したところ、84・76マイクロシーベルト／時。

私が初めて道子に取材を申し込んだのはちょうどこの時期、2012年11月末のことだった。「アエラ」（朝日新聞出版）の短い記事で、テーマは特定避難勧奨地点。結果として、その「欺瞞」を指摘するものとなった。

初冬だというのに、柿の実が赤々と枝に実っている異様さに、胸がぐさりと突き刺された取材だった。まるで血が噴き出しているよう。除染のため高圧洗浄機で木肌を剝がれ、白樺の幹のようになってしまった柿の木の痛々しさ……。見慣れた初冬の風景に立ち現れる「異形」に、息を呑み立ちすくむ。

道子がこの間、直面している小国小学校を巡る苦悩、そしてつい最近判明した高線量の存在といった話を聞いた後に、「これなら、測れるから」と測定器を借りて、カメラマンとともに、プールの排水が流れ込む草の生い茂った用水路に測定器を置いた。ものすごい勢いで変化する数字、10を超えたあたりで胸がどきんとなった。カメラマンと信じられない思いで目を合わせ、どこまで行くのかを見守った。30、50……、数字が上がり続け、そして止まった。84・86マイクロシーベルト／時。

目には見えない、臭いもしない。でも今、自分の足元にこれだけの放射性物質があり、放射線を発しているのだという事実に初めて、背筋がぞくりとする恐ろしさを感じた。

この結果をもって2012年12月3日、伊達市役所を訪ねた。応対したのは放射能対策政策監付次長、除染対策担当の半澤隆宏。

——敷地外ですが、プールに隣接する場所に84マイクロシーベルトという高い線量があることをどのように考えますか？

「これは地表でしょ。1メートルになると、この80いくつが1いくつかになるわけですよ。こここに子どもがペタッと座って、1時間いるわけじゃないんですよ。こんなところで子どもは遊ばないでしょう。がくっと低くなっている側溝ですから。これがあっていいですかと言われれば、あっては良くないとは思います。できる限りのことはやって、校地内は下げたんですよ。そういうところを見ていただきたい」

——ですが、これだけ高い線量があるところに子どもが通っていることは問題なのでは？

「こんなに高いって、さっきから言ってますが、子どもの頭の高さになれば高くないんですよ。それは、木を見て森を見ずなんです。森が大切であって、木が大切なわけじゃないんですよ、線量というのは」

——除染をしても、校庭などで下がりきっていないところがあります。

「だから、森の中の1本、1本の木の中ではそういうところはありますよ。高いですよ、それは自覚してますよ。高いところはほんとの端っこなんです。子どもたちがフィールドとしているところの概ね90パーセントは、そうではないんです。放射線防護の基本は遮蔽、距離、時間ですよ。それはやっているんです」

——しかし、こういう環境に子どもを置いておくのは問題なのではないですか？

「それって、まるで危ない学校のような言い方じゃないですか。林だけを見て森を見ない議論なんですよ。線量下げる為に一生懸命できるだけのことをやったんですよ。例えば、出来の悪い子どもが98点を取ってきたら褒（ほ）めるんじゃないですか？　それを、『なんで、あんたは100点取ってこないんだ』って怒るんですか？　そうじゃないでしょ。98点取っているにもかかわらず、『なんであんたはあと2点取らないの』と言っているのと同じなんですよ」

——じゃあ、小国小学校は98点なんですか？

「そうですよ。98点ですよ。きれいに洗った重箱に米粒一つ残っていて、残っている米粒一つを非難されても困るんですよ」

12月5日、午後2時半に龍哉の個別面談があるため道子が教室に向かうと、校長がその教室の前を歩いていた。こんな偶然、あるわけがない。道子を認めるや、さっとすり寄ってきた。

「10月に測定したデータ、もらえませんかね？」

公表してほしいとお願いしたにもかかわらず、「できない」と突き返されたものだ。今になっての手のひら返し。

「あの測定では市民放射能測定所の方も協力してくれましたし、もう1人、付き添ってくれた親御さんもいます。学校から『要らない』と一旦突き返されたものですから、一緒にデータを集めたその方にもお話しされてみてください。その上で、いつでもお渡しいたします」

校長の血相が変わった。

「データを渡さないってことですか？　じゃあ、あなたの息子、龍哉くん、いじめられますからね。親が騒ぐだけ騒いで。いじめられますよ」

こいつ、何、言ってんだ。おまえがいじめんだべ。いじめられるもんなら、いじめてみろ。そんなことでうちの息子は折れるような子じゃない。はらわたが煮えくりそうな怒りを抑えて、道子は冷静に言った。

「だから校長先生、もう1人の親御さんがいるんですから、その方にも許可を取ってください。私の一存では決められませんから」

しかし、それはついぞ、なされなかった。自分の息子が「いじめられる」という脅しをまさか、学校の責任者の口から吐かれるとは。今も思い出せば、怒りに身体が震える。

龍哉も傷ついていた。昇降口で、ぽつんと待っているのはつらいという。当然のことだった。走ることが大好きな子だから、なおさらだった。

「龍、小国じゃなくて、梁川で走ろう。ママは小国の校庭では走らせたくない。小国でやんなくていいから、帰って来てから、ママと一緒に走ろう。ママが付き合うから」

道路の真ん中なら大丈夫だろう。線量を測定した場所で夕方、一緒に走ったり、タイムを測ることもした。

「3年生だけど、私はもう追いつけない。運動会じゃ一番になる子だから。体育をやらないっていうのが、どれだけつらいか。でも龍哉は理解してくれた。だったら、親が何かしてあげないと。手をかけてあげないと。そうしないと、もっともっと心が折れただろうし」

龍哉にとって梁川は、寝に帰るだけの場所。友達もいなければ、土地勘も何もない。小国こそ、自分の場所だった。当時、子どもたちが幼稚園や学校から梁川に戻れば、きょうだいげんかばかり。広い家で走り回っていた子たちが狭いマンションで、しかも家の中だけで過ごすわけだから、それぞれストレスを抱えていた。道子はこの時期を、苦い思いで振り返る。

「電話で学校と話していると、つい感情が高ぶってしまう。龍が言うんだよね。『ママ、校長先生とけんかしないで』って。子どもは先生が大好きで、その先生たちに母親が立ち向かっているのを否応なく目にしてしまう。それも自分たちを守ろうと電話口で吠えている。学校に行けば、先生の言うことを聞かないといけない。龍哉にしてみればどうしていいか、わからなかったと思う」

4　解除

2012年12月13日夜、市議・菅野喜明は、知り合いのオフサイトセンターの課長補佐に電話を入れた。

「マスコミの人間からいろいろ電話が入るんですけど、勧奨地点、解除になるんですか？」

その職員は一瞬口ごもった後、観念したように言った。

「そうです。明日、解除になります」

衆議院議員の選挙期間中だった。投票日は12月16日、民主党が大敗して政権が変わるだろうという数日前の急転直下だった。

「うちからの要望なの？　市長が言ったの？」

「それはお答えできないんですけど、伊達市の要望というより、統合的な結果です」

半信半疑の喜明は、慌てて原子力保安院の被災者支援チームの課長補佐に電話をした。すると同じような答えが返ってきた。

「どうも、解除しそうですね」

そんなこと、あり得ないだろう。

「除染をやっている最中だから、解除するわけがない。解除は除染が終わってからでしょう」

政権が変わろうとする、まさに政治的端境期だからこそ、つまり、今の政権がある間に解除してしまおうという、これは駆け込み解除なのか。

なんということだ。まだADRの申し立てには至っていない。ちょうどそのための作業が佳境に入った時期だった。週末ごとに弁護団が来訪し、小国ふれあいセンターにおいて個別の聞き取り調査を行っていた。弁護団も復興委員会も、地点が解除になる前にADRの申し立てを起こす心づもりでいたのだった。

申し立てのメンバーとなった高橋佐枝子と徹郎もこの時期、弁護団に提出する資料を集めて聞き取り調査に臨んだばかりだった。

高橋家では11月24日、除染のための敷地内のモニタリングが行われた。

その結果、母屋の雨樋の下が地表で102マイクロシーベルト／時、子ども部屋となっている離れの軒下が地表で39・36マイクロシーベルト／時という高線量を記録した。これだけの線量を放つ線源と1年半以上、共存させられてきたのだ。しかも地表とはいえ、子ども部屋という、直樹と優斗がいつも行き来する場所でだ。地表1メートルでも、0・5〜0・6マイクロシーベルト／時はあった。徹郎は言う。

「測定の業者がびっくりしたんだよ。102あって。久々に3桁を見ましたって。それで指定になってないってのが」

だから徹郎は、その102の土をもって市役所に行ったのだ。

「内緒ですけど、その高い土、市役所にこそっと置いてきた。市役所に行くたんびに持って行った。駐車場の2ヶ所にこっそりその土を置いてきた」

3度目にその土をもって向かったのは、放射能対策課。責任者の半澤隆宏を呼び出した。

「最初は取り次いでもらわんにの。だがら『アエラっていうので、黒川さんっていうのが何か書いでだな』って言ったら、すぐに半澤が出てきた。102、出た土を持っていって半澤に差し出して、『これ、測ってけろ』って。そしたら、測ってみだら8・なんぼかだっていうんだ」

だから徹郎はこう捨て台詞を吐いて、踵を返した。

「ふうん、低ぐ出んだな。102が8になんだ。低いなら、大丈夫だろ。そっちで処分しろ」

それは、あまりにも突然の動きだった。小国の住民に解除の「か」の字も知らされず、解除に向けての住民説明会も全く開かれていない。

翌12月14日の「福島民報」で、喜明ばかりか「地点」当事者も、「解除」を知るのだ。

128世帯14日にも解除、伊達の特定避難勧奨地点

政府の原子力災害現地対策本部は14日にも、東京電力福島第一原発事故に伴う福島県伊達市の「特定避難勧奨地点」117地点（128世帯）を全て解除する。13日、対策本部の担当者が「除染で線量が低減された」として市に指定解除の意向を伝え、仁志田昇司市長が同意した。同地点の解除は初めて。ただ、勧奨地点の除染はまだ完了しておらず、市は作業を急ぐ。また、川内村の1地点（1世帯）も伊達市と同時に解除される見通し。

■川内の1世帯も

伊達市によると、対策本部の担当者は、国のモニタリング調査の結果、指定された117地点のうち116地点で空間線量が毎時1・0マイクロシーベルト未満になり、年間積算放射線量20ミリシーベルト（毎時3・2マイクロシーベルト）を下回っていると説明。残り1地点は除染が完了していないため2・4マイクロシーベルトだったが、目安の数値より低いことから「解除する方向で進めたい」との考えを示した。

仁志田市長の同意を受け、対策本部は14日にも、市と県に指定解除を通知する見通し。

（中略）

一方、南相馬市の１４２地点（１５３世帯）については除染がまだ十分に進んでおらず、指定解除は早くとも年明け以降になるとみられる。

12月14日、伊達市役所で開かれた「特定避難勧奨地点解除」についての記者会見で、仁志田市長はこう答えている。

「いろいろな考え方があるが、正月前に返してやりたいというのが一般的な人情ではないか。ある程度（線量は）下がっており、除染も進むのでこれからも下がるだろう。国がやろうとしていることに我々が反対する理由はない」

この日、伊達市の「特定避難勧奨地点」１２８世帯すべてが、地点解除となった。

12月14日付、伊達市長の名による「特定避難勧奨地点解除に係るお知らせ」という通知を、早瀬道子が受け取ったのは翌日のことだった。

「このことについて、別添写しのとおり、原子力災害現地対策本部長から伊達市に対し、特定避難勧奨地点解除の通知がありましたので、お知らせいたします。

本件についてご不明な点は、国原子力災害現地対策本部住民支援班にお問い合わせ願います。

（中略）

市といたしましては、皆様が安心して自宅に戻れるよう、健康管理事業の継続や相談体制の整備に努めてまいりますので、よろしくお願いいたします」

道子は言う。

「もう、目が点。突然の、素晴らしい解除。住民説明会もなし、通知1枚が送られてきただけ。前触れは測定だけ。12月初めに電気事業連合会が来て測っていった。まさか、解除はないだろうと思っていた。除染したと言っても、まだすごく高かったし」

道子はすぐに、「市長への手紙」を書いた。伊達市ではフォーマットを用意し、「市長への手紙」を受け付けるようになっている。何より、訴えたいのは「解除」の理不尽さだった。

「住民間の分断が解除すれば戻ると思っているのですか？　元に戻るはずがありません。分断させたのは市長ですよ！　分断を無くすためには不公平を無くすことです。そうしてから解除すればよいのではないですか!!

それぞれの家庭の除染が済んだとはいえ、地域は高い線量です。年間1ミリを目指すというのであれば、それを実行し成果がみられてから解除でも遅くないと思います。小さい子どもの健康が本当に確保できるのか？　この状況が本当に安心と言えるのか、具体的にわかるよう説明してください」

12月18日付けで、市長から返事があった。署名のみが手書きのものだ。

「……ご指摘のようにコミュニティの分断状況にいたってしまったことは憂慮に堪えない問題であると認識しております。

したがいまして、この状況を解消するためには国による早期の指定解除が必要であるため、現在優先的に除染に取り組んでおります。除染が進み、放射線量が下がることによって、指定解除につながるものと認識しております」

何を言っているのか。もはや解除になっているのだ。しかも南相馬市は除染が済んでないことを理由に解除を受け入れていないではないか。それなのに、伊達市は除染途上において解除を受け入れたのだ。

小国の住民たちの間で住民不在、住民無視のやり方に怒りが巻き起こる。喜明が言う。

「解除なんて、除染が完了してないのに言語道断だと。住民には何の落ち度もないのに一方的に指定を受け、地域が破壊され、説明会もなしに今度は解除だと」

2013年1月22日、上小国と下小国の両区民会長、小国地区復興委員会委員長、石田坂ノ上住民代表、月舘町相葭の住民で、原子力災害現地対策本部長に、「特定避難勧奨地点、除染途上での解除反対並びに住民説明会を求める緊急要請書」を提出した。

ここには住民の怒りがありありと綴られる。

「……2011年6月30日の指定時においてすら、住民説明会が各地区において行われていたにもかかわらず、解除時に全く行われないなど、住民無視の姿勢はよりいっそうひどくなり、慚愧に堪えません。

我々は、我々の当然の権利、そして、行政当局の義務として、この長い期間、混乱を招いた当局からの説明を受けるため、説明会の開催を要請いたします」


この緊急要請書に小国地区復興委員会委員長として名を連ねた、大波栄之助は言う。

「県庁にまで持ってって要望書を出したんだけど、ろくな返事はない。聞いたんだよ、なんで説明会をしないのか。すると『県も国も、説明会をやるべきだというのに、伊達市が動かないのでできません』と。だから、どういう事情でできないのか、市長に聞きに行った」

要望書を直接、市長に渡して訴えたいという強い思いがあり、大波たちは1週間前に伊達市に申し入れをして約束を取った上で、13人で市役所に出向いた。大波は憤然と言う。

「市長、『来客中で、会われません』だと。こっちはちゃんと約束した時間に行ってんのに、来客中だとよ。ふざけてんだ。『客って、何人、来てんだ?』って俺、言ったんだ。そういう市長だがら。こっちも、市長と話すの、いやだな」

2013(平成25)年2月5日、小国地区305世帯925人(参加率は勧奨地点の指定世帯を除き、約90%)、霊山町石田坂ノ上地区、月舘町相葭地区を合わせ、323世帯991人が、東京電力に特定避難勧奨地点と同じ1人当たり月10万円の精神的慰謝料を求め、原子力損害賠償紛争解決センターに集団和解申立（ADR）を行った。

　請求総額は20億円規模、特定避難勧奨地点を巡って初めての集団申立となった。

　ちなみに南相馬市では、特定避難勧奨地点142地点（152世帯）が解除となったのは伊達市より2年後、2014年12月24日のことだった。桜井勝延市長はこう話す。

「特定避難の地点解除、それをどうやって住民に納得させるかっていうのは、話し合いを徹底的にするしかないんです。もちろん、それをやっても納得しない人はいる。でも回数を重ねて住民説明会を開いているっていうことは、わかってくれる。住民説明会をやり続けていることだけは、否定できない。だから、ちゃんと住民の話を聞くことなんです。聞きに行くんですよ。100%の納得なんて、絶対にない。だけど解除決定後、苦情の電話は1本も入ってないですから」

　地点の設定のときも南相馬市は、伊達市より1ヶ月ほど遅れたが、とにかく何度も住民説明会を開いたという。その説明会に「国」を入れることは絶対にしなかった。国を入れて、「最終的には司法の場で」と住民を突き離した、小国地区の説明会とあまりにも対極にある。

　地点解除は、子どもの心も振り回した。早瀬家では小学3年の龍哉が不安に駆られるようになった。

「ママ、解除になったら、小国に帰されるの？　この家、もう、借りれなくなるの？　僕たち、どうするの？　僕たち、どこに住むの？」

　道子も和彦も、龍哉から質問攻めにあう。ようやく落ち着いてきた矢先、足元がだるま落としのように崩れ、何もなくなるような恐怖に龍哉は襲われていた。

龍哉の不安は的中した。1月25日、小国小からの「お便り」に、伊達市教育委員会教育長の名による通知が添付されてあった。それは「特定避難勧奨地点指定解除に伴う今後の通学支援について」というものだった。

そこには富成地区、小国地区のスクールバス運行は平成25（2013）年度も継続することと、避難している児童生徒へのタクシー送迎は、平成25年3月末をもって終了とする方針が打ち出されていた。要は解除となった以上、自宅に戻れということだった。道子は言う。

「解除したのだから、帰れと。小国の中だけはスクールバスを走らせる。つまり、帰ったやつだけは支援するぞということ」

道子と和彦は、龍哉に話した。

「龍哉、4年生になる新学期から、タクシーはなくなるんだって。だから、もう通えないよ、小国小には。転校しかないよ。梁川小学校に転校しよう」

龍哉は思いつめたように下を向き、ふっと息を吐いて小さくうなづいた。

「タクシーないんなら、しょうがないよね」

一度だけ、タクシーによる龍哉の通学風景を見せてもらったことがある。避難先のマンションの下まで、タクシーは来てくれる。マスクをしてガラスバッジを首から下げ、ランドセルを背負った龍哉が乗り込むタクシーには、すでに2人の小学生が乗っていた。乗り合いタクシーで小学生がドア・ツウ・ドアで登校するという、奇妙な通学光景がそこにあった。バスか車でしか登校できない小学校、それ自体が異様だった。

2月28日午後、道子と和彦は2人で伊達市教育委員会を訪ねた。念押しの意味で、道子は聞いた。

「小国小学校へのタクシーの支援はなくなるのですよね？」

「はい。そのような決定文書が出ていますから、通学の支援は今年度で打ち切ります」

この解答を得て、2人はうなづいた。しかし、大事なことだ。念には念をと、もう一度、聞いた。

「タクシーの通学支援、なしで決定なのですね？　これがまさか、覆るなんてことはないですね？」

「はい。それはないです」

じゃあと、2人の考えは一緒だった。

「だったら、転校させます。梁川小学校への転校手続きをします」

「大丈夫ですか？　転校させることで、お子さん、不安になりませんか？　心配です」

何を今さら……、だったら、タクシー支援を打ち切るなよと喉まで出かかった言葉を抑え、転校手続きを終えて帰ってきた。この春に小学生になる長女・玲奈は、小国小ではなく、梁川小に入学させることにした。

これで、終わりのはずだった。しかし3月初旬、自宅に教育委員会から電話がかかってきた。

「すみません。タクシーの支援を再開したら、おたくの新入生、小国小学校へ入学させますか？」

「どういうことですか？　だって、もう3月ですよ。制服も体操着も、梁川小学校のものを買いましたから。うちの子は梁川小学校に入りますし、龍哉は転校させますから」

3月18日、伊達市教育委員会はタクシー支援を再開することを表明した。次年度の小国小学校の新入生がゼロとなったことへの危機感の現れだったが、龍哉の心はまたしても大きく傷ついた。

「龍哉、自分で教育委員会に電話してみっかい？」

何気なく話したところ、龍哉はうなづいた。長男で線の細いところがある龍哉だが、どうしても自分の声で言いたいことがあった。道子は横で見守った。

「僕が転校を決めたのは、タクシーがなくなるからです。なんで、今頃、タクシーの通学を再開するって言うんですか？　ひどいじゃないですか？　僕は転校したくはなかったんです」

電話口の向こうは「ごめんなさい、すみません」と言い続けているようだった。

「ふざけんじゃないわよ！　子どもを守る教育委員会が何やってんのよ！」

これは夫婦、同じ気持ちだ。今だって怒りで体が震えてくる。和彦は昨夜もこう言った。

「裁判を起こしてでも、龍哉の傷ついた気持ちをなんとかしたい。俺は絶対に、教育委員会を許さない」

新学期、転校生となった龍哉は必死にがんばっていた。道子はその痛々しさがわかるだけに、よく声をかけた。

「大丈夫？　がんばって、疲れない？」

龍哉はその度に、笑って答えた。

「大丈夫、余裕だね！」

龍哉が高熱を出し、入院したのは1学期も終わりの頃だった。マイコプラズマ肺炎という診断だったが、道子は精神的苦痛で疲れが溜まったからだと思わざるを得なかった。

病床で龍哉は初めて、本当の思いを母に伝えた。

「僕、休み時間がつらかったんだ。ひとりでぽつんと机にいるんだ。みんな、いろいろするけど、僕、ひとりで机にいた。それを乗り越えて、友達、つくんないとって」

龍哉の切なさを思って、涙となった。道子は聞いた。

「なんで、ママに言わなかったの？　話してくれればよかったのに……」

龍哉は首を振った。

「言わんにかった。これ以上、ママに心配かけさせたくないがら」

道子ははっと振り返る。言えない何かを作っていたのは自分だった。被曝しないよう気をつけて、神経を苛立たせて、いろんなものと闘って……。

「2年間、私、何をやってきたんだろう。子どもは成長していたけど、大人はただ足踏みして、『このやろう、あのやろう』と憤慨して、闘ってばかりで。子どもを守るために精一杯やってきたけど、子どもの防御はできたかもしれないけれど、子どもに、大人が前に進む姿、進歩を見せていない。どう人生に立ち向かっていくかという姿を……」

何かの区切り、転機が道子の中で生まれつつあった。事故からすでに2年が経過していた。

第3部 心の除染

重要なのは、「除染は手段であって目的ではない」ということです。

2013（平成25）年は、仁志田昇司市長のこの言葉とともに明けた（「だて市政だより」平成25年1月24日発行）。

以降、この言葉は何度も繰り返されることとなる。仁志田市長は続ける。

「つまり、除染は元の『安全なふるさと』を取り戻す手段として取り組むものでありますが、安全だと思えるようになるには心の問題という面もあります。

一般には線量が一定程度に（年間5ミリシーベルト以下）低くなれば心配ないのですが、子を持つ親等は非常に心配している実態があり、安心できる線量は定まりません。

（中略）

チェルノブイリ原発事故後の対応についてベラルーシを視察した報告によると、『農業については、汚染状況に合わせた栽培を検討すべきである』、『実際の被曝とは別に、放射線は危ない、大変だ、という心理面の不安感をどう除くかが大切だ』とあり、各々が放射能と折り合いをつけて、たくましく生きることが大事である、と助言されたとのことです。

以上のことから、当市にとっての今年最大の課題は、ベラルーシでの教訓を元に放射線に対し、いかに安心の気持ちを持てるようにするか、そのために除染のやり方を含めて、どのような対策に取り組むかが課題であると考えます」


このメッセージの前段で仁志田市長は明確に、Cエリアの除染は「A、Bエリアとは違った考えで取り組む必要がある」とも述べている。市長は除染の取り組みの根幹に、「安心の気持ちを持てるよう＝心の問題」を据える。つまり、物理的に生活圏を除染するより、大丈夫だと安心できるように、後者に重きをおくことの宣言だった。皮肉なことに、それがCエリアに住む住民を今も苦しめている。

水田家も川崎家も、そして小国から避難した早瀬家もCエリアを生活圏として暮らしている。

1　家族を守るために

水田渉が家の中で線量の定点観測を始めたのは、2013年1月2日からだ。

毎朝、2階の南側の窓と北側の窓、2ヶ所に設置した線量計の数字を1日も欠かさず記録し、その数値をフェイスブックにアップするのが朝の習慣となった。

南側は渉の部屋で、北側は長男の真悟が寝起きする場所だ。

「我が家の線量」と題した表を、渉は見せてくれた。毎朝の2ヶ所の数値がデータベース化されていた。線量の差と、メモ欄には焼却炉の稼働状況を記す。この焼却炉は、隣接する桑折町の阿武隈川対岸にある。渉は言う。

「定点観測を始めたのは、家の中が正常かどうかチェックできるから。数字を拾って、客観的に冷静に見ていこうと思って」

1月2日（水）、南側0・30、北側0・33。1月11日（金）、南側0・35、北側0・50。1年後の2014年1月1日（水）は、南側0・31、北側0・36。

これまでの記録で、南側と北側の線量の差の最大値は0・17。備考に「天皇陛下」とあるのは2013年7月23日、天皇陛下が桑折町の桃農家の視察に来ることになっていた時だ。この日は、南と北の線量差はないといっていい。なぜか。

こうして線量値の記録を積み重ねていくと、自ずと気づくことがある。

「最初は飯舘村の方を向いている南側の線量が高かったんだけれど、今では北側、真悟の部屋の方が高い。私は北が高くなったのは、間違いなく焼却炉だと思うんですよ。伐採した木だとか、放射性物質が含まれてんのを燃やしてんだ。しかも、あそこの煙突にはバグフィルターがついてないんですよ」

バグフィルターがあれば、少しはセシウム飛散の防御となる。

渉の見立てを裏付けるものとして、天皇陛下来訪予定日や伊達市でマラソン大会が行われた日、そして焼却炉が休みの日は南と北で線量に差が出ないという。

「天皇陛下が来るとか、全国からマラソン参加者が来るとか、そういう日は家庭ゴミなど、セシウムがそんなに出ないのを燃やしてんだと私は思うよ」

2月9日（日）、南側0・21、北側0・21（備考、大雪）。大雪の日は線量が下がり、南北の差もない。

「大雪の日に線量がぐんと下がって、雪が溶けるとまた上がる。ああ、そうか。水には遮蔽（しゃへい）効果があるって、こういうことなんだ」

渉が常に気にするのは、真悟が寝ている北側の部屋の線量だ。奈津と娘のひかりは、下の部屋で寝ているから心配ないが、真悟は「親と一緒に寝るのはいやだ」と2階で寝るようになった。

「俺のデータによれば、うちの息子、年間1ミリしか被曝しないことになるんですよ。自然放射線量を入れた計算で。だから多分、大丈夫だとは思っている。でも、そうであっても、息子の部屋の線量を何としても下げたい。浴びない方がいいに決まってる。それに越したことはないんだから」

そのために、どのような方法があるだろう。そこで渉は、一つの策を試みることにした。水を入れたペットボトルを800本ほど、北と南の窓の下に並べるという「実験」だった。このアイディアは、福島駅そばにある環境省の「除染プラザ」の担当者から提供された。渉がそれまでに何度も通っていたのは、除染の方法や被曝の低減について具体的に相談に乗ってもらえるからだった。水には遮蔽効果があることはわかっている。であるならば、ペットボトルの水で、2階の線量が少しでも下がらないだろうかという仮説の下での実験だった。渉はその実験に、伊達市の除染推進センターも巻き込んだ。

ちなみに「除染推進センター」とは、２０１１年10月に「除染支援センター」という名で立ち上げられた市の機関だ。専門職員が常駐し、高圧洗浄機などの機械、スコップ、デッキブラシなどの道具類、ブルーシート、コンテナなどの資材を貸し出し、マスク、土嚢袋、軍手、ゴム手袋など除染に必要なものを支給する。こうやって伊達市は早くから、市民の手で除染を行う体制を作った。曰く、「市民協働で行う除染」だ。

２０１２年4月、市民から「除染は市が責任を持って行うはず。『支援センター』ではおかしい」という声があがり、「除染推進センター」と名を変え、現在に至っている。

水田渉は自身のミッションとして、この除染推進センターを利用しようと目論(もくろ)んだ。

「やろうと宣言したら友人などが、ペットボトルをずいぶん提供してくれたんだよ。そいつを『北と南の窓の下に並べてみっぺ』ってやったんだ。じいちゃん、ばあちゃんまで総動員して、水を詰めて運んで。でも、やってみて断念した。８００本って、４畳半のスペースすらも埋まらない」

「こういう実験が面白い」と、渉はニヤリと笑う。悲壮感は持たない。何事もチャレンジだと前に進むのが、渉のポリシーだ。次に考えたのは5メートル四方、30センチの深さの水たまりを窓の下に作ることだ。これは２０１６年夏に実行した。見せてもらったが、ビニールシートの上に水が張られ、ハスが咲き、金魚やメダカが大量に生息する立派な池となっていた。これを窓の下にいくつも作るのが、これからの計画だと言う。

「失敗してもいいんだよ。とにかく、息子の部屋の線量を下げることが、今の俺の使命だから。基本は子どもを守る。それが、俺の原動力だから」

そうしながらも、渉も奈津も、伊達市の除染の「順番」が来るのを待っていた。まさか、Cエリアの除染が行われないとは思いもしないことだった。

2015年夏、水田家でインタビューをした時のこと。担当編集者がγ線だけでなくβ線も計測できる線量計を持参しており、試しに水田家の室内の線量を測ってみた。その数字をみた渉の顔色がすっと変わった。真剣な面持ちで、渉は奈津に言った。

「この線量計で、2階の部屋の線量を全部測ってきてみて」

突然、何が起きたのか。呆気にとられる私に、渉は説明した。

「いやあ、実はびっくりしたの。この下の部屋、β線が相当、来てんだって初めてわかったから。今測ったら、0・5くらいのβ線が表示されていた。もし2階の方が両方合わせた数値が低いなら、今日から2階で寝ろと、私は家族に指示を出す。それが私の役割ですから。β線の方が、体に悪い影響を及ぼすって言うでしょう？」

奈津が、線量をメモした紙をもって2階から下りてきた。そしてこの日の夜から、水田家では全員が2階で寝ることとなったのだ。

目には見えない、臭いもないが、放射線というものと隣り合わせで生きなければならないということは、こういうことなのだ。常に敏感に危険を察知し、被曝を少しでも避けるための対応策を講じて生活をしなければならない。そうでなければ、「子どもを守る」ことができないのだ。

だからこその、念願の除染でもあった。除染をするとしないのとでは、精神的圧迫は雲泥の差だ。

「今でも家の中で、0・3とか0・4、あんだよ。国の除染目標は0・23でしょう? それより家の中で高いんだから。うちは農地に囲まれてるでしょ。農地は除染してないから、7マイクロとかの場所だって、今もあんだよ。風が強い日は絶対に窓を開けない。ばあさんが開けた時があって、そうすると家の中の線量がみるみる上がんだよ」

たとえCエリアの住人であっても、放射性物質を受忍しろと言われる所以は微塵もない。

しかし、市は「安心だ、大丈夫だ。必要ない」の一点張り。積極的に行うのは、たとえば2013年2月2日に開催された「体と心を元気に! 免疫力アップ! 講演会」などのイベントだ。「だて市政だより」に紹介された、参加者アンケートにはこうある。

「放射線は心配しすぎないほうが良いとわかった」

「精神的な安定のほうが大事だ」

2 放射能に負けない宣言

「三度目の3・11を迎えて」(「だて市政だより」平成25年2月28日発行)というタイトルで、仁志田市長は節目の日に市民に向けてメッセージを発した。

「3年目を迎える今、A、Bエリアに続いてCエリアの除染に鋭意取り組んでまいりますが、除染の効果と限界も明らかになりつつあります。低線量下での現実的な対策として、いかに市民の健康を守っていくか、自主避難している市民に安心して帰還してもらうために何をすべきなのかが今後の課題であると思っています。

そうした観点から、今年は放射能を克服する正念場であると考えておりますので、市民みんなで智恵と力を合わせて頑張って行きましょう」

3年目の節目に、市長はなぜか「除染の限界」を示唆する。そしてこれから、「放射能を克服する」のだという。そもそも放射能は、「克服」できるものなのか。

放射能に立ち向かうという、伊達市の勢いは止まらない。

「今夜の復興の灯を契機にして、決意を新たに、『子ども達の元気な声が飛び交う伊達市に』を復興の誓いとして、ここに私たち伊達市民は『放射能に負けない宣言』をします」

(「だて市政だより」3月14日発行)

一人称を「伊達市民」にしているが、ここにどれだけの伊達市民の総意が汲まれているのだろう。「負けない」宣言ではなく、子どもたちをきちんと「守る」宣言を望んでいる人たちの存在が、「いない」ものにされている。

「放射能に負けない宣言」をしたこの「市政だより」は、ガラスバッジの測定結果にも言及している。前年7月より全市民を対象に1年間、個人線量を計測している一大プロジェクトが、終盤を迎えつつあった。なぜ、大切なのか、伊達市の意図がこんなところに顔を出す。

「測定データの大切さ」

「皆さんの測定結果は、健康管理を目的として、市が長期間にわたり大切に保管・管理してまいります。

また、原発事故による低線量被ばくは、世界的にも例がなく、この測定結果は放射線の専門機関等による解析により、将来のさまざまな対策等の方向性を決定するための大切なデータとなります」

伊達市民が「世界的にも例を見ない」一大プロジェクトの実験台に、「健康管理のため」と称して差し出されている。

早瀬道子が娘の尿検査を依頼した、「福島老朽原発を考える会（フクロウの会）」の青木一政はこう指摘する。

「チェルノブイリ事故では住民を避難させてますから、こんなことあり得ませんし、ベラルーシの田舎で一部の住民に個人線量計を付けさせて測定したことはあったようですが、全市民に付けさせて線量を測るなんてことは、全世界で初めてです。いかに非人権的なことをしているか」

世界で初めて、生身の人間による実測値を得るという壮大な実験。これが「将来のさまざまな対策等の方向性を決定する」重要な基礎データとして、その利用価値の高さを国際機関が熟知するからこそ、ＩＣＲＰ（国際放射線防護委員会）主催の「福島ダイアログセミナー」の舞台に、伊達市が頻繁に登場したのだろうか。

ＩＣＲＰが福島原発事故を受け、ダイアログセミナーを福島市で開催したのが２０１１年11月。２０１５年９月まで12回開かれたが、伊達市が７回、福島市が３回、いわき市、南相馬市が１回と伊達市開催が群を抜いている。

伊達市開催のプログラムをざっと列記する。「福島原発事故後の生活環境の回復」（２０１２年２月26日）、「福島原発事故後の生活環境の復興」（同年７月７〜８日）、「福島原発事故による長期影響地域の生活回復のためのダイアログセミナー〜子供と若者の教育についての対話」（同年11月10〜11日）、「帰還〜かえるのか、とどまるのか」（２０１３年３月２〜３日）など。

「ＩＣＲＰ＝国際放射線防護委員会」という名前から、これは国連か何かの公的機関のように思いがちだが、１９２８年に作られた民間の非営利団体で、専門家の立場から放射線防護に関する勧告を行う国際組織だ。追加線量の年間１ミリシーベルト、あるいは年間20ミリシーベルトとされた避難基準などすべて、このＩＣＲＰの勧告に基づいているように、ＩＣＲＰの勧告は国際的に権威あるものとされている。

今回の事故で日本政府が「計画的避難区域」の設定基準とした20ミリシーベルト／年は、ＩＣＲＰの２００７年勧告の「緊急被ばく状況」20〜１００ミリシーベルトに基づいている。同勧告は「復旧時」においては１〜20ミリシーベルト／年としているが、事故後６年を迎えるのに依然、国は20ミリシーベルトを基準に「帰還」を進めている。

国をも動かす機関だが、ただ助成金の拠出機関をみてみると、国際原子力機関などであり、委員を構成するのが原子力推進派とも言われている。

ＩＣＲＰの委員や国内外の機関・団体の関係者など、国際色豊かな錚々たる顔ぶれが結集し、２日間にわたってセミナーを行う華々しい舞台に伊達市がこれほど重宝されるとは……。

そこには歴代のアドバイザーを伊達市に提供している「ＮＰＯ法人　放射線安全フォーラム」の存在が見逃せない。

伊達市の除染の方向性を定めた田中俊一も、２０１２年10月に田中が原子力規制委員会委員長となった後任としてアドバイザーとなった多田順一郎も、伊達市にガラスバッジを販売し、データの解析を行う千代田テクノルも、この「ＮＰＯ法人　放射線安全フォーラム」の所属メンバーだ。

同フォーラムとＩＣＲＰは、このような関係を維持していると同フォーラムのサイトに記されている。


「放射線安全の専門家集団として、国際放射線防護委員会（ＩＣＲＰ）や国際放射線単位測定委員会（ＩＣＲＵ）などに参加する委員を、技術的に支援することなどで、この分野の国際貢献を果たします」


伊達市に強いパイプを築いた放射線安全フォーラムとＩＣＲＰは同じ周波数のもと、それぞれの役割をもって原子力推進を担っている。

線量の高低によりＡＢＣのエリアに分けた、多田順一郎が主張する「戦略的除染」という実験も、全市民対象・1年間の実測値という個人線量計のデータ採取も、伊達市という「実験場」あってはじめて、手にすることができる。

3　除染交付金の動き

この時期の除染事業の流れに注目してみる。

福島県と伊達市への情報公開請求で得た「除染事業交付金」の流れを見ると、除染元年とされた2012（平成24）年度終盤は、除染事業がめまぐるしく動いていることがわかる。

2013年3月22日、伊達市は県に、4件の請求をしている。

Bエリア除染のための概算支払い請求（約120億円のうち、約1300万円）。Bエリア除染繰越申請（99億円の繰越。除染完了予定は2014年3月31日に変更）。

Aエリア除染のための概算支払い請求（約168億円のうち、約8700万円）。Aエリア除染繰越申請（168億円のうち、122億円繰越、2013年3月29日、繰越決定）。

こうした動きを裏付けるかのように2013年3月28日発行の「だて市政だより」77号において、市長はこの時点での除染の進捗状況を報告している。

Aエリアは60％の進捗率、Bエリアは93町内会のうち48町内会について発注、Cエリアは1次モニタリング（町内会等によるもの）が70％の進捗、2次モニタリング（専門業者による測定）も一部で始まっているとした。

仁志田市長はとりわけ、Cエリアというものは AやBと一緒ではないことを強調する。

「Cエリアのように元々低線量の地域では除染による低減効果は少ないのが現実です。またCエリアは年間5ミリシーベルト（0・99マイクロシーベルト／時間）以下であり、この程度の線量であれば健康上の心配は無いとの、ICRP（国際放射線防護委員会）の見解もあります。

もちろん、平常時における目標値である年間1ミリシーベルト（0・23マイクロシーベルト／時間）以下を目標とすることは当然ですが、低減効果の少ない地域の除染に、膨大な労力と経費をかけるよりも、もっと効果のある対策、すなわち健康管理の強化を図ることが現実的であると考えます」

根拠となっているのは、ICRPの見解だ。この考え方が今に至るまで揺るがぬ、伊達市の方針となる。

情報公開請求で開示された資料によれば、2013（平成25）年4月1日、重要な申請が行われている。

伊達市が県に提出した「除染対策事業交付金交付申請書」の事業の実施地区には、「伊達地区全域・梁川地区全域・保原地区の一部・霊山地区の一部」とある。これぞまさに、Cエリアだ。ここで初めて、Cエリア除染について具体的なアクションがなされたことがわかる。

申請書に添付された「戸建て住宅の除染方法について」には、こう記されている。

「住居及び付属建物付近のホットスポット除染（局所的：雨樋放流先、水溜り、宅地内水路等）概ね5センチ程度の表土除去＋5センチ客土し転圧。必要に応じて雨樋の清掃、コンクリート・アスファルト部の切削、集塵等」

これが、伊達市が謳う、「ホットスポット除染」の内実だ。住宅地を面的に除染するのではなく、雨樋の下とか、部分的に高い場所を特定し、5センチほど土をとってきれいな土を上に敷くという「局所的」なもの。

Cエリアは市内の7割ほどを占め、AやBと比較にならないほど世帯数も多い。このような手法により行うCエリア除染に、伊達市はどれだけの金額が必要であると見積もったのか。

交付金の総額は、約64億円。内訳は、戸建て住宅除染経費が約41億円、仮置き場設置及び管理経費が約20億円、市町村事務費が1億8000万円。この時点で64億円という金額が、Cエリア除染のためには必要だと伊達市が見積もったというわけだ。

この申請を受け、福島県は6月28日に申請額の交付金決定を伊達市に通知している。のちにこの交付金申請は迷走するのだが、とりあえず、64億円という金額を覚えておいてほしい。

またAエリアとBエリアに関しては、相次いで「概算払い請求」が行われている。すなわち、それだけ実質的に除染が行われていることを示していた。除染を業者に発注するなど、具体的な作業を行うためにも「当座の金」は必要なのだ。

4　少数派

２０１３年4月、すなわち平成25年度から「だて市政だより」が「だて復興・再生ニュース」となり、同誌上に市政アドバイザーとなった多田順一郎のコラムコーナーが設けられた。本人がイラストとなって登場、親しみやすく市民に語りかけるスタイルだ。

多田順一郎、１９５１年、東京都生まれ。東京教育大学理学部（物理）卒業後、医療関係で放射線に携わり、２００７年より「放射線安全フォーラム」の理事を務める。田中俊一の後継者として伊達市のアドバイザーとなり、現在に至る。

第1回目のコラムタイトルは、「山菜は食べちゃダメですか？」。

「……私は、野山がもたらす季節の恵みを楽しんでも、皆さんの健康に悪い影響が起きるほどの内部被ばくはしないと確信しています。1シーズンに何キログラムもの山菜を召し上がる方はほとんどいらっしゃらないでしょうから、季節の山菜を十分堪能されても内部被ばくは1ミリ・シーベルト（約6万ベクレルの放射性セシウムを食べたときの内部被ばくの値）よりずっと少ないでしょう。そして、1ミリ・シーベルトという内部被ばくの値ですら、人が有害な健康影響を受ける放射線の量より遥かに低いものなのです」

田中俊一をリーダーとした事故直後の飯舘村での除染実験の際、「油がくたびれるほど天麩羅にして」、タラの芽をたらふく食べた話を披露。最大で1キログラム当たり、1000ベクレルの放射性セシウムが検出されたものもあったが、田中俊一が規制委員会委員長就任の前にホールボディカウンター検査を受けた際には、検出限界以下であったというエピソードを紹介して、多田はこう締めくくる。

「食品基準を超えるかも知れないからと言って、せっかくの自然の恵みを諦めてしまうのは、山の神様に申し訳ないことだと思います」

コラムは全7回で終了するが、その都度、市民に「心配しなくていい」「安全だ」と専門家の立場から多田は語りかける。もう一つのコラムを紹介しよう。

タイトルは、「おばあちゃんの野菜も食べよう」（8月22日発行、第5号）

「……内部被ばくを心配させる情報が溢れ出し、中には、福島の農作物を毒と決めつける有名大学教授の心無い非難までありました。それらの情報は、主に反原発運動家の流したデマだったのですが、責任ある立場の人たちがきちんと反論してこなかったため、今でも影響を受けている方を見かけます。（中略）たとえば、『内部被ばくは放射線を体の中から受けるので、外部被ばくより危険だ』という主張は、細胞には自分の受けた放射線が体の中から来たか外から来たか分かるはずもないことに思い当たれば、間違いだと分かるでしょう。内部被ばくも外部被ばくもシーベルト単位で表した量が同じならば、体の受ける影

響も同じです。

覚えておいて戴きたいことは、1ミリシーベルトの内部被ばくを受けるには、食品に含まれるセシウムを合わせて約6万ベクレルも食べなければならないことです。（中略）昨年度の伊達市で採れた野菜は、ほとんどが1kgあたり50ベクレル以下の値でしたので、普通に食べ続けても、1年間の内部被ばくは1ミリシーベルトよりはるかに小さなものになります。

（中略）

東京から来た私たちは、福島県の野菜のおいしさに驚かされます。おばあちゃんの愛情がこもった野菜は栄養も満点です。ぜひ、お子さんに食べさせてあげましょう」

上小国に住む、高橋佐枝子の次男・優斗の値を思い起こしてほしい。野生のなめこを食べた父・徹郎の跳ね上がった数値も。心配が何もないのなら、なぜ、病院はその夜、再検査の必要性を伝えてきたのだろう。

専門家が「大丈夫、心配ない」と太鼓判を押し、子どもを心配する親は「モンスター」になされる〈安心・安全〉の大合唱のなか、子どもを被曝から守ろうと気をつける親は後ろ指を指されるようになっていった。

早瀬道子はいつしか、自分が少数派になっていることに気づく。

「放射能を気にしていると、子どもを育てられない」

「放射能を気にする親だと、子どもが不安定になる」

こんな声がいろいろなところから聞こえてくる。道子は言う。

「梁川は、もともと線量が低いから、気にする人の方が少なかった。小国とは親の空気が全然違った」

この4月より伊達市の学校給食に、平成24（2012）年産の伊達市米が使われるようになった。食品基準の100ベクレル／kg以下とはいえ、セシウムが決してゼロではない伊達市産の米を、学校給食に使うという大転換。原発事故の翌年に収穫された米を、児童生徒に日常的に食べさせるのだという。このような重大な決定を、伊達市は保護者へのヒアリングを行うこともせず、2月22日付の教育委員会からの通知1枚で、結論を通達して終わりだ。道子は言う。

「伊達市の米を使うなんてとんでもなくて、『うちは食べさせません』と米飯給食を拒否、だから龍哉にも玲奈にも弁当を持たせて、それは今も続いている。みんな、『100ベクレル以下なら大丈夫』って本当に思ってるのか、それが不思議。伊達市の米って10か20か、検出されているから。ゼロじゃない。牛乳も福島県産だから、ずっと飲ませていない。私は1ベクレルだって、子どもの身体に入れたくない」

龍哉にはこう説明した。

「ママは本当なら、県外に避難したい。でも龍の友達がいるからここに住むことにしたんだから、食べるものだけには注意させてほしい。ママは龍たちに、安心なものを食べてほしいの」

龍哉には敢えて、チェルノブイリの子どもの様子を画像で見せた。

「向こうでは避難区域になっているところに、日本では住んでいるんだよ。チェルノブイリでは今もこうやって、苦しんでいる人たちがいる。よく自然にも放射能はあるって言われるけど、原発事故で出てきた人工的な放射能だから問題で、前から自然にあったものじゃない。だから、ママは気をつけたい。あんたたちが大きくなって、生まれてくる子どもが苦しむことになるんなら、今から気をつけていた方がいいんじゃない?」

目には見えないし、臭いもしない。だから、「安心だ。心配ない。大丈夫」という伊達市や多田の言葉を信じて、「普通に」生活することもできるかもしれない。でも道子には、どうしても割り切れないものが残る。

「気にしているということに誇りをもって、私は子どもを育てていきたい。間違っているか間違っていないかなんてわからないんだから、気をつけてよかったって言えるようにしたい。子どもたちもお母さんがきちんと芯をもって進んでいる姿を見て、育ってくれていると思うし」

次第に孤立しがちな道子を支えたのが、「福島老朽原発を考える会(フクロウの会)」の青木一政など、外部の支援者だった。

6月末、青木たちは伊達市の汚染状況の測定にやってきた。2日間かけてAエリアからCエリアまで伊達市全域を回る測定に、道子も同行した。

たとえば、Aエリア。保原町の富成公民館では地表1メートルの高さで0・82マイクロシーベルト/時、1センチで4・03マイクロシーベルト/時、霊山中学校周辺では1メートルで0・3マイクロシーベルト/時、1センチで0・66マイクロシーベルト/時。

除染が終わったとはいえ、国の除染目標である0・23マイクロシーベルト/時を超えているところばかり。伊達市は、Aエリアの除染目標を年間5ミリにしているとはいえ、だ。

そして、Cエリア。阿武隈急行線「梁川駅」ロータリー、地表1メートルで0・42マイクロシーベルト／時、1センチで1・65マイクロシーベルト／時、街路樹根元では1メートルが1・0マイクロシーベルト／時、1センチが5・6マイクロシーベルト／時と、除染が済んだAエリアより高い線量があることがわかった。しかも駅前に、5マイクロシーベルトというホットスポットすらあった。

今もそうだが、困った時、不安になった時、道子は青木と電話で話す。時に、ふいに心細くなる時がある。たとえば玲奈はまだ幼いから、不満を率直に口に出す。

「私だけなんだよね。なんで、みんなと同じの、食べられないの？」

小さな胸を痛めている娘を前に、たまらない思いに襲われる。そんな時だ、青木に電話するのは。青木の声を聞くと、すぐに落ち着く。そうして「大丈夫、私は間違っていない」と言い聞かせ、玲奈をぎゅっと抱きしめる。

「お友達と一緒にさせてあげれなくて、本当にごめんね。でも玲奈が大好きだから、ママは安心なものを食べてほしいんだよ」

青木は道子に言った。

「梁川は0・2ぐらいで、小国よりはぐっと低い。高いところもあるけど、そこを避けるようにして暮らせばなんとかなるかな」

その優しさに、励まされたような思いだった。青木はここで暮らすしかないことをわかった上で、できる限りのサポートを申し出る。道子は何かが吹っ切れた気がした。

「とにかく、気をつけて生活をする。それでなんとか、よしとしよう」

給食のごはんを食べないことで、子どもたちが教室で孤立することも分かっている。でも、ここだけは譲れない。みんながあたたかいごはんを食べているのにかわいそうだからと、冬場は弁当箱の上にホカロンを乗せて持たせた。道子は舌を出して笑う。

「ちっとも効果なかったって。『ママ、食べる頃には冷たくなってる』って。ほんと、私って、だめだよねー」

精一杯の母心が、そこにある。


道子はフクロウの会の青木が行っている検査には、できるだけ申し込むようにしている。2011年11月と、1年後の2012年11月に行われたハウスダスト検査もそうだ。掃除機のゴミパックに注目したもので、中に溜まった埃を採取して、家の中にどれだけのセシウムが存在するのかを調べるという検査だ。

道子は、避難先の梁川のマンションと小国の家の2つのゴミパックを提供した。そして、そのどちらからも、セシウムは検出された。

梁川のマンションのゴミパックには(12年7月から11月までの間)、セシウム134が646ベクレル/kg、セシウム137が924ベクレル/kgで、合計1570ベクレル/kgの濃度のセシウムを含んだ埃が蓄積していた。

ベクレルとは、放射線を発生している放射性物質からどれくらいの放射線が出ているかの単位で、1ベクレルは1秒間に1本放射線がでる。ゴミパックの中から検出されたセシウムの数値は、室内に漂う埃にも、それだけの放射線を出すセシウムが存在していることを示していた。

小国の早瀬家のデータは、青木にとっても示唆に富んだものとなった。２０１１年11月の測定では５１８０ベクレル／kgだったが、翌年の11月には９７６０ベクレル／kgと、倍近くも跳ね上がったのだ。道子は言う。

「私たちが避難した後も、ばあちゃんには『窓は開けちゃだめだよ』って言っておいたんだけど、次の年ぐらいから、平気で開けっ放しにして暮らすようになったんだよね」

青木も、こう分析する。

「おばあちゃん１人の生活だから、人の出入りによる持ち込みは、以前ほど大きくないはず。したがって、屋内のセシウム濃度の増加は、窓からの土埃の侵入と考えられる。このデータが示すのは、周辺の汚染が高いところでは窓を締め切り、屋外の土埃の侵入を防ぐことが大事だということですね」

青木によれば屋内のセシウム濃度が上がるのは窓などからの土埃の侵入と、衣服・頭髪・靴底などからの持ち込みの２種類があるという。こうして呼吸により、セシウムが体内に摂取される。青木は言う。

「空気中の埃からの吸い込みも、要注意なんです。粒径の細かい粒子は肺の奥まで侵入する。放射線医学総合研究所が公開している放射性物質の残留率データをみると、セシウム１３７の尿への排泄率は経口摂取に比べて、吸入摂取は約10分の１程度かそれ以上、遅い場合がある。食べ物など口から入ったものより、吸い込んで肺に入ったものは排出されにくいのです」

２０１２年12月３日、初めて伊達市放射能対策課を訪ねた日。除染対策担当の半澤隆宏は断言した。

「放射線は動きません。風でなんて動かないし、飛んでなんてこない。周囲からセシウムが飛んでくるなんて間違いですよ。基本的に動くとか、ないですから」

ゴミパックの中からセシウムが現に検出されていることを提示すると、半澤は色めき立った。

「セシウムは、泥とか土とかに吸着してるんです。ものすごい量のセシウムが移動しているとなると、大問題ですよ。今のあなたの言い方は除染の手法、考え方を根本的に覆す重大なことですよ」

福島原発事故由来のセシウムがこうして、家庭のゴミパックの中から現に検出されているにもかかわらず、伊達市の除染は吸入による内部被曝を想定していない。

道子がさまざまな検査を行うのは、強い意思があってのことだ。

「私は子どもの健康状態の『事実』を知りたい。知れば悲しいんだけど、それが事実なんだから、そこから前向きに考えるようにしていきたい。目を背けるのではなく。だって、現に放射能を浴びちゃっているわけだから。だったら、できる限り減らしていく。いい方向へ進めるような努力をしていきたい」

腱鞘炎（けんしょうえん）になるほど毎日、家の拭き掃除を行うのも、家の中の埃を可能な限り減らすためだ。家に入る前に服の埃などをはたくなどの結果、ゴミパックにあったセシウムは１５００ベクレルという数字から、５００ベクレルまでに減少した。

「何年か後に、このデータが子どもたちの役に立ってくれるだろうという思いがあるんです。

もしかしたら10年後か20年後に被曝手帳を出すとなったとして、その時に親が死んでいても、どういう状態だったのか、子どもたちの被曝の状態を示すデータがあれば、それが役に立つわけだから」

子どもたちが口に入れるものには細心の注意を払っているが、最近はよく友達の家で「庭になっているトマトを食べた」とか「梁川のきゅうりが出た」と報告してくる。

「それが今の一番の悩み。大きくなれば行動範囲も広がるし、その家で出されるものは拒否できない。成長すればするほど、目をつぶらなければならないものが増えてくる。青木さんが言うように、それが、住んでいるってことなんだよね」

5　除染縮小の方向へ

2013年9月26日発行の「だて復興・再生ニュース」6号。この号の市長メッセージは、除染がテーマだ。タイトルは、「再除染と追加除染」。

「……Cエリアでも、市民の一部にAエリア並みの徹底した除染を望む声もあると聞いておりますが、基本的に年間5ミリシーベルト以下であって、放射能被ばく対策は迅速であらねばならないことからもホットスポットの除去を迅速に行うことが現実的であると考えております。（中略）いわゆる『追加除染』を行うことが市全体の益になると考えており、具体的には農地や中山間地の森林などではないかと考えております。

現在作業中のB、Cエリアについて今年中に除染を終え、来年から新たな取り組みに入りたいものと考えております」

Cエリアの宅地より、森林や農地の方が「益」があると仁志田市長は明言、しかもこの時点で、除染先進都市・伊達市は除染を終息させることを考えているとサラリと語る。

同じ号の多田順一郎のコラムのテーマもまた、「ホットスポット除染」。

「……Cエリアの放射線の強さは、1時間に0・5マイクロシーベルト程度で、このレベルの自然放射線を受ける地方は世界中のあちこちにあり、人々は健康にくらしています。ですから、このまま除染をしなくても、Cエリアでは健康に影響を及ぼさないでしょう。

(中略)

…ホットスポットがあっても、そこにお住まいの方が受ける放射線の量に影響しないことは、Cエリアのガラスバッジによる測定で確かめられています。しかし、ホットスポットがあると知りながら放置しておくのは、やはり気持ち悪いのが人情です。そこで、伊達市では、母屋周囲で地表面から1センチの放射線の強さが1時間に3マイクロシーベルト以上のホットスポットを、測定で確認しながら業者に除去させることにしました。なお、これより弱いホットスポットは、地表面から1メートルの高さの空間線量率に影響しません」

ここで初めて、Cエリアのホットスポット除染に、「基準」が登場する。地表1センチで、

3マイクロシーベルト/時。通常、地表1メートルの空間線量で判断するが、Cエリアは地表1センチ、3マイクロ以下ならば除染はしないという。これは伊達市だけのオリジナル基準だ。

住民にとって死活問題とも言える重要な「基準」がどのような人たちが参加した会議で、どのような話し合いのもと、どのような根拠に基づいて定められたのか、公になっている記録は何もない。

そして多田は、コラムをこう締めくくる。

「除染からは、何一つ新しい価値が生まれませんので、除染作業は一日も早く終えて、将来に役立つ町づくりに努めようではありませんか」

Aエリアの除染工事完了は7月の「だて復興・再生ニュース」で報告されているが、ここからわずか2ヶ月で、伊達市には除染を終息しようとする力学が働いている。他の市町村ではこれから除染を本格的に進めて行こうという時期に。

早く始めて、早く終わる——これが除染先進都市のあるべき姿なのか。市内約2万2000世帯のうち、Aエリアの約2500世帯の除染が終了しただけなのにである。1割の住宅の除染しか終えていない段階で、市長も市政アドバイザーも「除染はもういいだろう」とばかり、終息の方向に舵を切る。

全市民が1年間、ガラスバッジをつけて「実験台」となった計測の正式な結果が発表されたのは、11月28日発行「だて復興・再生ニュース」においてだった。この結果を根拠として、伊達市は除染を終息させることが可能となった。

市民に向けてグラフや棒グラフ、折れ線グラフなどを多用し、多角的な分析結果が示される。まず結論からだ。

「市民全体の年間被ばく線量の平均値は、0・89ミリシーベルト」

「線量区分では1ミリシーベルト未満が66・3%と最も多く、次いで1~2ミリシーベルト未満が28・1%、2~3ミリシーベルト未満が4・4%となりました」

「地域毎での年間被ばく線量の分布から、1ミリシーベルト未満の割合が最も多いのは梁川地域で88・2%でした。最も少ない月舘地域では33・2%でした」

なぜ、平均値を出すのか。なぜ、1ミリシーベルトを基準に分析をするのか。

掲載されている一覧表から読み取れるのは、年間5ミリシーベルト以上の追加被曝線量を示した人が霊山地域で0・35%、月舘地域で0・21%いたということだ。月舘地域では年間1ミリシーベルトを超える人たちが約67%、霊山地域でも約56%。なのに、そうした事実よりも、市民の被曝線量の平均値〈0・89〉という数字が突出して示される。そして、こう結論づける。

「市全域（平均）から、国が示す予測値より、ガラスバッジ測定実測値による年間追加被ばく線量は少ないことが確認できました」

これを言わんがための計測だったのか。国の基準より緩くて大丈夫なのだということが、全市民への調査で判明したということが最も大きな意味をもつ。このような結果を踏まえて、市長は「個人別被ばく管理の重要性とガラスバッジ」と題してこう語る。

「……これまでも国は『個人の追加被ばく限度を、最終的には年間1ミリシーベルトを目標とする』とし、それを達成するには空間線量に換算すると、1時間あたり0・23マイクロシーベルトであると説明してきました。

そのため、本来のガラスバッジによる累積線量ではなく、すぐ数値が確認できる空間線量の数値が一人歩きし、長期的目標である1ミリシーベルトに相当する『0・23マイクロシーベルト』が安全安心の目標のようになってしまい、『それ以下まで除染しなければ、帰還はできない。安心できない』などと受け取られてしまっているのが現実でした」

追加被曝を年間1ミリシーベルト未満とするという大前提はそのままに、伊達市は除染の目標値としても設定されている、〈0・23マイクロシーベルト／時〉という数値に、正面から異議を申し立てる。

「伊達市は当初から、個人の累積被ばくが問題で、そのため生活圏の線量を下げることが必要であると考えておりましたので、線量の高いところから除染を実施すると共に、線量の高い地域の人と子ども達にはガラスバッジを着けてもらいました。

（中略）

…昨年7月より今年6月までの1年間、市民全員にガラスバッジを着けてもらったところです。

そのデータを分析した結果、伊達市全体としても心配な数値ではないことはもちろん、空間線量が0・5マイクロシーベルト程度であっても個人の累積被ばく線量は年間1ミリシーベルトを超えないこと、つまり0・23マイクロシーベルトの2倍以上の線量があっても目標は達成できるということが分かりました」


国が除染の目標と定め、年間1ミリシーベルトという追加被ばくの線量に当たる、0・23マイクロシーベルト／時の真っ向からの否定だ。その2倍の空間線量であっても、年間1ミリシーベルトには至らないと伊達市は言う。これが、ガラスバッジの実測値で得た結論なのだと。一自治体の「実験」が、被曝から人々を守る基準値をより緩い方向へ動かそうとしている。

そもそも根拠となっているガラスバッジを、被曝の自己管理に使うことが妥当なのかという問題がある。ガラスバッジとは万能の測定機器なのか。

早瀬道子が頼りにしている「福島老朽原発を考える会（フクロウの会）」の青木一政は、伊達市を鋭く批判する。

「ガラスバッジは、放射線業務従事者の被曝管理に使うものですから、身体の正面から受ける放射線しか想定していません。基本、自分の前に放射線源があって、作業を行うわけですから。ですから、ガラスバッジは福島のように全方向から放射線を浴びる環境は想定されていないんです。後ろとか横からの放射線は、身体が遮蔽体となって拾えない。だから空間線量より低く出ることになります」

伊達市議会がこのガラスバッジに疑問を抱き、動いたのは2015年のことだ。1月15日、伊達市議会議員政策討論会という場に、フクロウの会の青木一政とガラスバッジメーカー、千代田テクノル執行役員、線量計測事業本部副本部長、佐藤典仁を講師として招き、それぞれの講演の後に質疑応答が行われた。


（議員　高橋一由）「ガラスバッジは放射線の入射する方向により、身体の遮蔽により低く出るという報告があるが、実際のところ、どうなのか」

（千代田テクノル　佐藤典仁）「ガラスバッジは放射線管理区域で使うもので、福島のような全方向照射では30％低くでることをきちんと考えず配布した……事故直後の混乱時期に、安全を売り物にする企業として、福島の方々に少しでも役立てばと思ってガラスバッジを使ったのですが、配慮が足りなかった……（ただ）30％低く出ても、実効線量と同等だった」

伊達市は一貫して、「実効線量」を拠りどころとしている。空間線量より、個人の実効線量で見ていくのだと。

実効線量――、これは一体、どういうものか。青木は言う。

「人の臓器、組織ごとに被曝量を計算した数値が実効線量なのですが、この実効線量を出すために、組織や臓器ごとに組織荷重係数という換算係数があります。肝臓はいくつで、甲状腺はいくつと。だけど現実に考えて、どうやって厳密に、組織荷重係数が測定できますか？　できるわけがないんですよ。はっきり言って、バーチャル（仮想）なんです。このバーチャルな条件を入れてコンピューターではじき出される数値が、実効線量なんです」

空間線量ではなく、なぜ、そのバーチャルだという「実効線量」を持ち出すのだろう。青木はさらに言う。

「実効線量は、個人の線量です。たとえばガラスバッジを使う放射線業務従事者の場合、管理の目標値は実効線量なのですが、その根拠となる測定は空間線量で行っているんです。放射線作業従事者はそれによって対価を得るメリットがあって、作業を行っています。しかし、一般市民には、被曝によるメリットが何もない。そうした人たちに空間線量ではなく、実効線量という個人の線量だけで大丈夫だと言えるのか」

伊達市議会議員政策討論会では引き続き、千代田テクノルに疑問が向けられた。

（議員　菅野喜明）「それは、子どもの条件で確認したのか」

（千代田テクノル　佐藤典仁）「やっていません。というか実は子どものファントム（検証用の人体模型）を、どのようなものにすべきか決まっていない」

ガラスバッジが放射線管理区域で働く人間を想定したものである以上、子どもは最初から対象外だ。そのガラスバッジを子どもにつけさせて、そのデータを根拠に安心だと判断されている。

そもそも空間線量より低く出るデータを根拠に、0・23マイクロシーベルト／時という基準を緩和しようとすること自体、極めて乱暴なことではないか。人の健康に関わることなのだ。だが、伊達市は「実効線量」を盾に揺るがない。この基準緩和の急先鋒に、伊達市はいた。

しかもこのデータの明示の仕方自体にも問題があると、青木は言う。

「ガラスバッジは低めに検出することに加え、伊達市は平均値だけを示しています。そこに、個人のばらつきは考慮されていない。ばらつきを無視した平均化は、少数者の切り捨てです」

6　「どこでもドア」があれば

2012年の夏以来、川崎家の食卓では海藻が欠かせないものとなった。食事の時だけでなく、詩織は味付け海苔を口に入れるのが習慣となっていた。

甲状腺の血液検査で、基準値範囲が「0・0～32・7」という「サイログロブリン」が、1

66・1という非常に高い値を示した詩織だったが、その年の冬の検査では71・6に下がり、真理はほっと胸をなでおろした。しかし、6年生進級を目前にした2013年4月の血液検査で、270・6という驚くほど高い数値に跳ね上がる。

「下がってよかったって思っていたのに、この数字を見た時はショックでした。ああ、この子、がんになっちゃうのかなって。徐々に、がんになっていく宣告を受けてしまったような思いでした」

医師もさすがにこの数値は驚きだったようで、「チラージン」という薬が詩織に処方されることとなった。

「娘、高いんだ、高いんだ。どうしよう、どうしよう」

真理は周囲の人に、苦しい胸のうちを打ち明けまくった。呪文のように、口から苦しみが零(こぼ)れ出る。どうしていいかわからなかった。じっとしていられない。のたうち回っても、胸をかきむしっても、どうしようもない。

「娘は、一心不乱に海藻を食べるんです。本当に、親としてつらかったです。せっかく生まれてきてくれた子です。こんなことで、つらい思いをさせたくない。何より、失いたくない。どうしてよりによって、うちの娘がこうなるんだって、ショックでたまらなかったです。私、見てますから、この目でエコー画像を。すごいんです、まさに蜂の巣なんです。そして異様に高い数字なんです」

あれは何度目の取材だったろう。中学2年になった詩織が、真理への取材中も居間にとどまっていた。ボーイッシュで、まだ幼さが残る、ショートカットのほっそりとした少女。はにかんだ笑顔がとてもかわいらしい。

詩織は「お母さん、どんな話をしてるのかな?」とばかり、宿題をしながら素直な好奇心そのままに話を聞いているようだった。詩織もなんとなく会話に加わったその時、担当編集者が詩織に聞いた。

「『わたし、死んじゃうのかな?』と思いました?」

私には発することができない質問だった。詩織はためらうことなく、素直に答えた。

「はい、思いました」

ふわっとした、やわらかな声。瞬間、胸がぎゅっと押しつぶされた。詩織はきっぱりとそう答えた。小学5年生の時に自分の死を現実のものとして思ったと、目の前の少女が語っていた。さらに編集者は聞いた。

「『わたし、死んじゃうの?』って、お母さんに聞きましたか?」

「それは、聞いてないです」

「死んじゃうかもと思って、眠れなくなりましたか?」

「それは、なかったです」

その詩織の一言で、部屋の空気がほっと和む。せめて、そうであったならよかったと。

真理は言う。

「本当に、この子、かわいそうだなーって思うけれど、毎回の血液検査も嫌なんだけど、『ごめんね、でも詩織のためにやっていくしかないんだよ』って声をかけてやらせました。もし、異常があったとき、少しでも早く発見され、治療できればいいわけですから」

結局、「サイログロブリン」の値はその時が最高で、上がったり下がったりを繰り返しながら、中2の今は正常値近くにまで下がってきている。今は少し胸をなで下ろしているが、あの時に真理を苦しめたのは数値の異常な高さだけでなく、医師から決まって言われたこの言葉。主治医もそうだが、かかりつけの小児科医もこれは「遺伝」だと断定する。

「病院では、ずっと遺伝だって言われ続けています。だから原発事故とは、何も関係がないのだと」

それほどまでに遺伝だというのならと、真理も真理の実母も甲状腺エコー検査を受けた。

「遺伝なら、私も蜂の巣状のはずじゃないですか。私の母だってそう。でも検査の結果、私は嚢胞が二つあっただけ、母も年齢相応の嚢胞があるだけで、蜂の巣状ではなかった。医者は『遺伝じゃないみたいだね』と言ったけれど、それでも原発のせいではないと言う。じゃあ、この子が持っている、もともとの体質が蜂の巣状なのか。それは永遠にわからない。私が一番知りたいのはそこなんです。震災前の詩織の甲状腺の状態です。もともとそうなら、事故とは関係ないいんだから、そんなに心配することはないんだと安心できます」

事故当時、18歳以下の子どもに行われている県民健康調査の甲状腺検査では、1巡目（平成23〜25年度）の先行検査で116人、2巡目（平成26年〜27年度）の本格検査で68人に「がんないしがんの疑い」が出ているが、県も県立医大も原発事故との因果関係を否定し、スクリーニング効果で将来がんになる患者を早目に発見しているという姿勢を今でも崩さない。あるいは、手術は過剰医療だと。そうであるならば、詩織もスクリーニング効果の表れなのか。

真理の苦しみは、ひとえにそこにある。

「原発事故前の詩織のデータを知れば、安心できます。この子はこういう子なんだってわかるから。でもいきなり放射能が降ってきて、その結果、異常な数値になっているのなら話は別です。これだけ甲状腺がんの子どもが出ていても、医大は大丈夫だという一点張り。詩織だって、これだけ異常な値であっても、何でもない範囲だと言われる」

真理は唇を嚙む。

「さっき、私がつらかったと話しましたが、私なんかより、娘の方がひどかったと思う。とんでもないつらさを、娘に味わわせてしまった。原発事故がなければ、こんな気持ちを味わうこともなかったのに。『私、死んじゃうかも』なんて、思わなくていいんだから」

ドラえもんの「どこでもドア」が欲しいと、真理はひたすら願う。

「『どこでもドア』で原発事故の前に戻って、私は娘の甲状腺を調べたいんです。この間、娘のことで強く感じたのは、何かを隠されているっていうことです。通知1枚でほったらかしにされて、病気になっても、原発は関係ないってそれで終わり。今や、伊達市は『安心・安全』ばっかり。ここで暮らすつもりなら従えと。もう、事故なんて終わっちゃったというように」

普段はおっとりと穏やかな真理が、強い意思をたたえた眼差しをまっすぐ向け、きっぱりと言った。

「今、全国で原発周辺に住んでいる人たちは、子どもの甲状腺エコーと血液検査をしておいてほしい。そうすれば、私たちのように、何かを隠されたままにされなくてすむから」

7 選挙前の「変心」

2014(平成26)年は、市長選とともに明けた。
1月18日、朝日新聞全国版4面にこんな見出しが踊った。

「伊達市長、選挙前の変心」
除染対象「5ミリ超」→「1ミリ以下も」
立候補予定者の「全戸徹底」受け

「対象を限定する独自の除染を進めてきた福島県伊達市が、19日告示の市長選を前に方針の転換を迫られている。除染の進み具合や復興の遅れへの有権者への不満から県内の首長選で現職落選が相次ぐ中、3選を目指す現職は従来の方針を撤回し、対立候補予定者と同じく『全戸除染』を掲げる。(中略)
仁志田昇司市長(69)は8日、『全戸除染を標榜する候補予定者に納得する有権者も増えているのに、我々の考えを押し通すのもどうか』と、1ミリ以下の住宅を含む市内全戸を除染対象にする考えを示した。昨年12月に新顔で元市議の高橋一由氏(61)が『全戸の除染』を公約に立候補表明したためだ。(中略)
仁志田氏の後援会幹部は『現職批判が強い中、支持が広がらない。支持者からも、なぜ

全戸除染をしない、と文句が出た』と仁志田氏に転換を迫ったことを打ち明けた」

この選挙戦告示直前、1月17日の日付で、「Cエリアの除染に関する調査のお願い」と題したアンケート用紙が、Cエリアの住民に配布された。

「Cエリアにつきましては、全体的に線量が低い地域でありますので、局所的に線量の高い『ホットスポット』の除去を中心とした作業を行っております。事前のモニタリングの際には皆さまにご協力いただきありがとうございました。

しかしながら、このような『ホットスポット』の除去のみでは不安であるとの声が寄せられております。したがいまして、新たな対策を実施するため、Cエリアの皆さまに今後どのような放射能対策を望まれているのか調査することといたしました」

不安が寄せられている、「したがいまして、新たな対策を実施する」、この文面から読み取れるのは、CエリアでもAとBと同様、宅地を面的に除染すると伊達市が考え直しているということだ。川崎真理も、まさにそう捉えた。

「このアンケートを見た時、伊達市はCエリアの除染はやらないと言ってたけど、やるんだなと思った。だって、どのような対応を希望するかを聞いてきているから。だから、この時に全面除染をやってもらおうと思って、がんばって書いたんです」

真理がCエリアはホットスポットしか除染しないことを知ったのは、前年9月に業者がモニタリングに来た時だった。

「いきなり、業者に『3、ないよ。3以上のとこだけ、除染するから』って言われて、いつから変わったのかとびっくりした。私、ずっと順番だと思っていたから。でもそれはみんな、そう。高いところからやっていくって。ABCは順番だよねって」

真理はガス検針の仕事で、Aエリアも Bエリアも担当だったため、それぞれの除染もなんとなく目にしていたし、Bエリアでは住人ともよく話をした。

「Bエリアの人が、娘さんのところは同じBエリアだけど、業者が違うからちゃんとやってるって。でも私は、やってもらえるだけいいって思っていた」

2013(平成25)年9月9日、川崎家の「Cエリア2次モニタリング」の記録には、このような数字が並ぶ。受託業者はアトックス。放射線測定のプロだ。

0・63、0・55、0・51、0・45、0・43、0・51、0・49。

これは家の周囲の1メートルの高さの空間線量だ。真理は言う。

「Bエリアのその家は、0・5で除染してもらっていました。その時、うちは0・6あった。うちの方が線量は高いし、子どももいる。その家の人も疑問に思ってくれていた。でも、『いずれ、やってもらえる』って思っているから、いろいろアドバイスをくれるんです」

「その日は仕事を休んででも立ち会った方がいい」、「何も言わないと適当にやられる」等々、Bエリアの住人から真理が受けたアドバイスだ。Bエリアの住人も自分のところが済めば、Cエリアの除染が始まると思っていた証だった。

しかし、実際に業者に言われたのは、地表3マイクロシーベルト/時以上ないと「しない」。

「玄関の前、物置の雨樋の下が地表で2・8マイクロだったんです。『ここは、子どもが毎日通る場所だから除染してください』と言ったら、工事の人、『ほんとはダメなんだけど。特別だよ』とその上に砂利を敷いて帰った」

その後、真理はその表面の砂利の下にある2・8マイクロを発する土壌を自分で取り払い、きれいな砂利をかぶせた。


2016年2月1日、市長直轄理事兼放射能対策政策監となった半澤隆宏を訪ね、Cエリア除染について聞いた。半澤はこの「順番だ」という市民の認識を否定した。

「24年の8月に『除染実施計画第2版』を出した時に、スポット除染を打ち出しているんですよ。その時にCエリアを回って説明して、それでいいとなったんですよ。だから『Aやって、Bやって、Cだね』なんて冷静に思っている人は、2011年と2012年のときには誰もいなかったって、私、断言します。Cの人は『高いとこは、かわいそうだない。うちはやんなくていいから。どうせ、自然に下がっていくもんね』って言ってたんですよ」

半澤はさらに語気を強めた。

「『AやってBやって、次にCだ』なんて思っている人は、いませんでしたから。これは絶対です。断言します」

梁川地区が地元である市議、中村正明に尋ねたところ、この半澤の発言に大きく頭を振った。

「とんでもない。Cエリアは、いずれはAやBと同じように除染されるというのが、住民の認識ですよ。どこに行っても、こう言われるんです。『なんで、やんねんだい？』『いつになったら、Cエリアは（除染）やんだい？』って。梁川や保原の人は大人しいんですよ。我慢している、抑えているだけなんです」

Cエリアの住人が希望を託したアンケートだったが、回答の締め切りは2月10日。市長選は1月26日、とっくに選挙の結果が出ている日程が設定されていた。しかも、このアンケート結果が公表されたのは、4月24日発行の「だて復興・再生ニュース」誌上。年度も変わった、3ヶ月も後のことになる。

何のために行われたアンケートだったのか。市長選を有利に進めるために、「Cエリアも除染するんだ」と、多くの市民が「誤解」してくれることを期待してのものだったのか。

この後、「公約違反だ」と多くの批判が伊達市に渦巻くことになるのだが、それはあまりに当然のことだった。

市長選の1年半前、2012年9月に、Cエリアの除染は「各総合支所長を本部長にした、〈除染推進委員会〉を設置して除染の取り組み体制や仮置き場の検討をしていただきたい」（「だて市政だより」9月27日発行）という方針のもとに、立ち上げられた委員会がある。

伊達市への情報公開請求で、各支所の除染推進委員会の会議録を入手した。

梁川総合支所・除染推進委員会の初会合は2012年9月7日、伊達総合支所は同10月19日、霊山総合支所は10月29日、保原総合支所は11月7日。

梁川支所以外は、委員会のメンバーの名簿が会議録に添付されてあり、名を連ねているのは行政区長や町内会長たちだ。

月舘支所にはCエリアはないので別格として、どの地区の除染推進委員会も2014年1月以降、1度も会議が持たれることなく、閉会を宣言するわけでもなく立ち消えの状態となっている。

では、この約1年3ヶ月の間に何度、会議が開かれたのか。伊達支所が最も多く7回、保原支所が4回、梁川支所は3回、霊山支所は最初の会議録しかなく、「伊達市除染実施計画（第2版）」の添付がほとんどを占める。

最後の会議に残されている記録は、どこも一緒だ。それが1月17日付、「Cエリアの除染に関する調査のお願い」だ。このCエリア住民に配布されたアンケートを最後に、その委員会には活動した形跡はない。

アンケートばかりか、この委員会も、Cエリア除染をカモフラージュする壮大な「アリバイ」だったのか。

仁志田市長の選挙広報に、大きく掲げられた公約。

「Cエリアも除染して復興を加速。協働の力で『健幸都市』伊達市をさらに前進させます」

「Cエリアも」という表現。これはCも、AやBと同じような除染が想定されていると理解するのが、素直な文意の取り方ではないか。

さらに、ホームページで明らかにしたマニフェストにはこうある。

「Cエリアを除染して放射能災害からの復興を加速」

1月26日、仁志田市長は対立候補の元市議・高橋一由を約3000票差で破り、3選を果たした。

高橋候補の応援に回った市議、中村正明は2016年秋の取材でこのように振り返った。

「勝てなかったのは悔しかった。だけど、高橋さんと話したんですよ。『市長も考えを変えたからよかったね。Cエリア除染を獲得できたから、選挙を闘った甲斐があった』と。本当にあの時は、そう思ったんです。それが選挙から3年経っても、宅地の面的除染は行われない。宅地をやらないで側溝をやっている。これから農地や道路も始まるでしょう」

「Cエリアも除染して」と掲げたにも関わらず面的除染をしなかったことについて、対応した半澤隆宏はばっさりと切り捨てた。市長選から2年後の、2016年2月1日のことだ。

「全面除染を市長が公約に掲げたと？　掲げていません。どこにも書いていません。後援会のパンフレットに『Cエリアも除染して』とは書いていますが、『Cエリアも全面除染して』とは書いてない。Cエリアも除染はするんですよ。それがホットスポット除染です。だから、それは取りようなんです」

8　手にした勝利

2013年2月5日に、原子力損害賠償紛争センターに対して行った小国地区住民を中心とした集団和解申立（ADR）は、「進行協議」と言われる非公開の法廷を中心に審議が続いていた。事務局を担った市議、菅野喜明は言う。

「裁判官役の弁護士と東電と、我々と2ヶ月に1回、法廷を開く。7月からは我々も、発言はしないという約束で傍聴できるようになりました。進行協議は基本、東京で行われるものです」

小国地区復興委員会委員長の大波栄之助も、何度か東京に足を運んだ。

「東京に出張しても、まず食堂で食わねえ。駅弁だもん。缶ビールも飲まない。立場が立場だから。住民のお金を使ったんだろうってなるから。ちゃらちゃらしたことをやってたら、何やってんだと言われる」

いつからか、勝利を予感する兆しを感じるようにもなった。喜明は言う。

「第4回の進行協議を私と副委員長とで傍聴に行ったのですが、女性の裁判官役の弁護士が我々の窮状をつらそうな顔をして聞いていて、副委員長がこれはいけるんじゃないかと」

縁の下の力持ちの苦労も相当なものだった。

「苦労したのは、配る資料の印刷です。8000枚、コピーをとりましたから。ニュースを出すことにしたんです。情報を共有していないといけないので。それと、1世帯ごとの資料が正確であるかのチェックも。当時、青年会議所の理事長もやっていたので、寝る暇がない時もありました。精神的な疲れは感じてなかった。必死だったんでしょうね。日本のために、この制度（特定避難勧奨地点）をこのまま残したらよくないって。めちゃめちゃになったコミュニティを立て直すには、とにかく勝ち取るしかないって」

大波も同じ思いだった。

「いろんな話を聞きましたよ。『だんなは毎晩、通帳をみてニヤニヤしてる』とか、『普段は出歩かない人が歯医者に通ってる』とか、『同じ車種で新車にした』とか。このままだと将来、指定になった人が被害者になる。最後まで、恨まれるわけだから。指定は4分の1程度、多勢に無勢で、一生、『おまえはもらったんだから』と言われ続ける。この訴えがなければ、将来、『地点』になった人が、被害者になることは目に見えていた」

東電が行ってきた反論は「福島市の方が、線量が高い」ということだった。喜明が解説してくれた。

「福島市は『地点』になっていないし、避難もしていない。避難の指定を受けない限り、自主避難地域と同じだから賠償の必要はない。東電は住民にすでに慰謝料を払っている。これで十分だろう、なんでこれ以上、要求するのかと。こういう東電の主張を逐一、論破していきました」

委員会が撮影したビデオによる現地調査に続き、２０１３年11月13日には、福島市民会館で小国の住民10人への口頭審理が行われた。

実はこの10人の中に、高橋徹郎もいた。徹郎はこう話す。

「私が最後の証人だった。東電の代理人が、こだごと（こんなこと）、言ってきたんだ。ふざけてんだ」

今も思い出すとはらわたが煮えくり返るようだと徹郎は言う。年配の女性弁護士はおもむろに質問した。

「あなたはお金が出たら、車を買うんですか？」

聞いた瞬間、ぷちっと何かが徹郎の中で弾けた。俺らの受けた苦しみ、理不尽な扱いをこうやって、東電はせせら笑う。所詮、金が欲しいだけなんだろうと小バカにする。ふざけんな。お前らに何がわかるか。やけ酒も増えたし、体調もおかしくなった。そこまで追い詰めたのは、どこのどいつだ！　自分だけならまだしも、子どもが傷つけられたんだ！

急ごしらえの法廷で、徹郎は吠えた。

「ちょっと待て。このばばあ。何、言ってんだ！　ふざげだごと、言ってんなよ！」

終了後、徹郎は大波に謝った。

「か～っとしっちまった。俺、切れたから、金は出ねかもしんねよ」

11月26日、東京で第5回進行協議を終え、審議は終了となった。

12月になり、和解案が出そうだという声が聞こえ始めていた。喜明はたまたま東京にいた。

「弁護団に用事があって上京したのですが、和解案が出そうだと聞いて、ドキドキでした。仮に賠償が出たとしても、差がついたらどうしようって。ずっと、弁護団には言い続けてきたんです。『俺は、金が欲しくてやっているわけじゃない。このコミュニティ、どうすっかでやってんだ』って」

この日、弁護士に喜明は聞いた。

「東京の景気は今、どうですか？」

「いやあ、あまりよくないですよ」

喜明は文字通り、崖っぷちにいた。

「万が一、申し立てが通らなかったら、議員は続けられないし、3000万の借金をみんなに背負わせることになる。だからその時は、東京に出て働こうと思って聞いたんですが、景気はよくないっていうし。これからどうするか。すぐに、私の選挙でしたから」

夜、ビジネスホテルにいた喜明に、弁護士から電話があった。

「出ました！　和解案。7万、一律ですよ！　すごいですよ！」

瞬間、腰が抜けそうになった。

「一律って聞いたんで、それが一番でした。満額ではない、70％ではあるけれど、それでも一律だったので本当にほっとしました。すぐに栄之助さんに電話をかけました。栄之助さんは、『おまえには、苦労かけたな』って言ってくれました。これが私の選挙の4ヶ月前、ほんと、勘弁してくださいです」

この12月20日に提示された「和解案提示理由書」には、こうあった。


「……申立人らが抱いている放射線被曝への恐怖や不安及び実生活上の様々な制限・制約に起因する精神的苦痛は、自主的避難等対象者としての精神的苦痛とは異なるものであって、特定避難勧奨地点の居住者に準じて賠償されるべき損害と考えることが相当である」

提示された和解案は1人月額7万円の精神的慰謝料を、特定避難勧奨地点と同じ22ヶ月間、支払うというものだった。

12月28日、小国地区で集団和解申立報告集会が開かれ、住民から和解案受諾に異論がないことが確認された。

東電の回答期限は、2014年1月31日。東電は1週間の延期を上申書で申請し、2月7日、和解案を受諾した。

小国復興委員会の経過報告書は、最後をこのように締めくくる。

「実に前年の2月5日に申し立てをしてから1年と2日かかり、準備期間を含めると約18ヶ月もの時間がかかったが、月7万円の精神的慰謝料を参加した全住民一律平等に勝ち取ることができた。100%ではなかったが、これまでもらった精神的慰謝料とは別という ことで、子どもや妊婦に対しては、勧奨地点の慰謝料とほぼ同額を得ることができ、地域コミュニティー再生の一助になることができた」

2014年6月、小国地区復興委員会は解散した。

26回の会議を開いたが、懇親会などの酒宴は一度もやっていない。全メンバーが襟を正して、地域再生のために力を尽くした見事な勝利だった。獲得したのは、1000人規模で合計15億円。うち、弁護士への成功報酬5%。1人154万円を一度に手にする形となった。高橋徹郎は言う。

「喜明は本当によくやってくれた。あいつは、ほんとの意味で男だ！　これで、胸がすーっとした」

大波は淡々と話す。

「しまいには、地点だったやつらが、『おまえら、いいな。一括でもらって。そっくり、残っからいいな。おれらは毎月もらってたから、使っちゃって何にもねえ』って。これは笑い話だけど、もし負けたら、とんでもねえ。それにしても、お金の力は強いね。地獄の沙汰もってのも、こっからきてんのか」

喜明も振り返る。

「マスコミからも周りからも、金目当てとか、いろいろ言われたけど、栄之助さんはずっと言っていた。他にいい方法があったら教えてくれと。地点にならなかった人間はこのまま甘んじることができない、じっと我慢なんかしていられない、一言、言いたいことがある。だから、みんな参加した。そのやりきれないものが、慰謝料を得たことで幾らかは和らいだと思う。それでよかったと思う」

特定避難勧奨地点という、仁志田市長が「避難してもしなくてもいい、これほどいいものはない」とした制度への、明確な疑義を引き出し、ＡＤＲ史上に画期的な実績を刻んだ、住民の見事な勝利だった。

9　市長、ウィーンへ行く

２０１４年２月20日、オーストリア・ウィーンにある国際原子力機関（ＩＡＥＡ）本部に、３選を果たしたばかりの仁志田市長の姿があった。この日、ＩＡＥＡという国際舞台において伊達市長の講演が行われるのだ。

２月17日から21日にかけてＩＡＥＡは、「福島第一原発事故後放射線防護に関する国際専門家会議」を開催、「伊達市の放射能対策の取組みを専門家の間でも共有したい」という要請があり、その場に仁志田市長が招聘されることとなったのだ。

ＩＡＥＡは国連の下部組織で、核を保有している常任理事国５ヶ国（アメリカ、イギリス、フランス、ロシア、中国）という原発推進国が主導権を持つ組織だ。

その本部で行われた専門家の会議に、伊達市という、日本でも知名度が低く、原発事故でもそれほど取り上げられることもなかった一地方都市の首長が、わざわざ招かれたのだ。伊達市の放射能対策はそれだけ、国際的に（おそらく、原子力を推進したい人たちにとって）、注目に値する試みであることを示していた。

仁志田市長は、パワーポイントを見せながら、話を進めた。田中俊一という専門家の支援を受け、いち早く除染に取り組めたことを、学校の表土除去や富成小の除染実験などのスライドを見せながら説明していく。そして伊達市独自の生活圏の除染、Ａ、Ｂ、Ｃと線量の高さによって三つのエリアに分けた除染を説明する。

Aエリアは約2500世帯、工事費約149億円で発注、1世帯あたり650万円。

Bエリアは約3700世帯、工事費約90億円、1世帯あたり250万円。

Cエリアは約1万6000世帯と市内の約7割を占め、工事費は10億円、1世帯あたり6万円。


世界中が注目する国際舞台の場で、この日、仁志田市長はこのような数字を列挙した。

しかし、2012年5月31日にBエリアの除染事業交付金は、約120億円という金額で申請され、交付金決定がなされている。

Cエリアの除染交付金申請は、2013年4月1日、申請した約64億円という金額で交付金決定がなされている。

Aエリアの申請額は168億円、13年8月の除染完了後の翌14年1月30日、つまり仁志田市長の当選直後、オーストリアに向かう半月ほど前に、150億円への除染変更申請が出されている。Aエリアは10億円ほどの変更だが、BとCの場合、申請額と市長が講演で披露した金額とでは大きな乖離がある。

仁志田市長はIAEAの専門家を前に、敢えて「除染の問題点」について言及する。


「除染をしても、市民の気持ちの中の『安全と安心』はイコールではないということです。我々の経験で言えば、線量の高低に関係なく除染を徹底したかどうか、一生懸命やってくれたかどうかによって市民は安心するという傾向にあり、特に子どもを持つ母親、孫を持つ祖父母は『全面的な除染をしてもらわないと安心できない』ということでありました。低線量のCエリアほど不安の声が大きいということです。もっと除染してほしいという声です。その必要はないのですが、そのような声が多く困惑しています」

続いて「子ども対策」として、10億円を専決処分、学校にいち早く冷房を取り付けたこと、ガラスバッジの着用により被曝線量を管理したこと、「外部被曝」対策として全市民5万3000人にガラスバッジを1年間、着用させたこと、「内部被曝」対策として全市民を対象にしたホールボディカウンター検査を2013年3月までに完了、2巡目に入っていること、市内16ヶ所に食品検査機器を置いてあることを披露、伊達市がいかに放射能に対して、万全の取り組みをしているかを仁志田市長は述べていく。

仁志田市長は、全市民対象の1年間のガラスバッジ装着のデータを解析、こう指摘した。

「……さらにもうひとつ分かったことは、空間線量と実測被ばく線量の関係は国の計算の2分の1であったということです。つまり年間1ミリシーベルトになるには、空間線量で0・23マイクロシーベルトであるということでしたが、実際はその2倍くらいあっても1ミリシーベルトを超えないというデータが得られました」

講演の最後を、仁志田市長はIAEAへの要望で締めくくる。

「放射能に対する健康管理上の基準が明確でないため、市民の気持ちの中で、『安全イコール安心』になっていないということであり、我が国も1ミリシーベルトを長期的な目標とするということだけで、現実的な基準を出しておらず、これが混乱の原因となって避難している人の帰還などに悪影響を及ぼしていると考えられます。

　そこで、例えば安全基準は当面年間5ミリシーベルトなら許容して良いというようなことをIAEAとして具体的に教示いただければ有難いと思っています」

市内を線量の高低で3区分した実験的除染を行う当事者として、全市民の1年間のガラスバッジ装着の実測値を持つ首長として、仁志田市長は原子力の国際機関に、基準値の緩和を正面から要請した。

10　交付金の奇妙な変更

仁志田市長がウィーンで過ごしていた頃、伊達市の水面下ではおかしな動きが起きていた。

福島県と伊達市の両方に、平成23（2011）年度から最新の28（2016）年度までの伊達市についての「除染対策事業交付金関連資料一式」を情報公開請求で得たことは前にも述べたが、一連のファイルを当初、どう読み込んでいいのか当惑した。

だが、次第にひとつの流れがわかってきた。それが除染にまつわる国の金の流れだった。市町村が主体となって行う除染事業に関わる予算は、国から県の基金に一旦、プールされる。繰り返しになるが、もう一度、流れをおさえたい。まず除染の実施主体である市町村（今回は伊達市）が、「除染対策事業交付金交付申請書」を県に出す。対象を明示し、対象の除染対策事業実施計画書と歳入歳出予算（見込み）を添付し、内訳を示して合計の請求金額を出す。県は「除染対策事業交付金交付決定通知書」を市町村に発行、これで交付金が認められたことになる。

ようやく除染が開始されるのだが、当然のことながら当座の資金が必要になるために、市町村は県に「除染対策事業交付金概算払請求書」を出し、県が承認して概算払請求が行われ、請求金額が市町村に支払われる。すなわち、前払い金である。

事業が年度をまたぐ場合は（除染自体、年度で完結するものではない）、「除染対策事業交付金繰越承認申請書」を市町村が県に出し、除染事業は次の年度も継続して行われる。

除染工事が終われば、市町村は「除染対策事業完了報告書」「除染対策事業実績報告書」を県に提出、確認した県が「除染対策事業交付金確定通知書」を発行。市町村は概算払いで受領した金額を引いた差額を、県に「除染対策事業交付金交付請求書」として請求、交付決定された全額が、市町村に渡るという流れだ。

途中、「除染対策事業変更承認申請」という、一度決まった交付金について市町村側から変更の申請が行われるということも、流れには含まれる。

この一連の流れが、除染事業の一つひとつについて行われるのだ。たとえば伊達市の平成24（2012）年度を見てみると、「Aエリア生活圏除染」「Bエリア生活圏除染」「伊達市保原プール除染」「五十沢運動広場除染」「保原工業団地除染」「やながわ希望の森公園除染」「上保原認定こども園除染」「牧草地除染」等、この年度は24の除染事業が行われている。

伊達市の除染事業はこの平成24年度が最多で、除染最盛期と位置付けることができる。以降、「Ｃエリア除染」から始まる25（２０１３）年度は15の事業に止まり、26（２０１４）年度と27（２０１５）年度はともに11事業だ。原発事故の年である平成23（２０１１）年度は、２つの除染事業を行ったのみである。

福島県と伊達市が開示してきた資料には、大きな違いがあった。福島県が開示した資料は申請から決定、概算払請求、完了報告書と交付金決定通知書まで一連の書類がすべて開示されていたが、伊達市が開示したものには「概算払」関連資料が一切、入っていなかった。「概算払」は、実質、除染事業が動いていることを示す一つの証でもある。伊達市はこれを省いたものを、情報開示請求の求めに対して開示した。

情報公開請求になんらかの「意図」を挿入し、（もしかしたら）行政当局の都合のいいように「操作」が加えられたとしたら、大きな問題ではないか。

この点について、２０１６年11月、半澤隆宏直轄理事に尋ねたところ、こう返ってきた。

「別に、意識して出さないってことはないですよ。たまたまなんじゃないですか？」

こちらは、除染交付金に関する「資料一式」と明記して、請求したのだ。

「概算払いなんか、必要ないんじゃないかと考えていたんじゃないの？」

では、このような除染交付金をめぐる一連の流れを念頭においた上で、市長不在の間に行われた二つの動きを見て行こう。

2月17日、まず動いたのがCエリアだった。IAEAで市長講演が行われる3日前の日付で、Cエリア除染について「変更承認申請書」が、伊達市から県に提出された。しかし県の側からも、伊達市の請求を裏付ける同じ申請書が開示されている。しかし県が開示した申請書に書かれている申請者は、「伊達市長職務代理者　副市長　鴫原貞男」。

一方、書類番号も同じ、文面も全く同じ申請書類でありながら、伊達市が開示した「変更承認申請書」の申請者の名前は、「伊達市長　仁志田昇司」だ。まだ市長はこの日はウィーンに旅立っていなかったのか？　いや、それならなぜ、県が開示した書類は副市長の名になっているのか。

ともあれ、異なる申請者の名による同じ書類のコピーが私の手にある。

伊達市はどのように変更したのか。前述したように、Cエリア除染の交付金申請額は約64億円。前年の平成25（2013）年4月1日に申請され、6月28日に交付金交付決定書が県から伊達市に発行され、この金額をCエリア除染に当てていいということになっていた。

この約64億円を約55億8千万円減額し、約8億円にするというのが「変更承認申請」の中身だった。

実に奇妙なことだが、Cエリアに関してはこの変更承認申請まで一度も、概算払い請求がなされていない。すなわち、64億という交付金は何も動くことなく年を越し、市長選を越し、C

エリア住民アンケートの回収日も越し、この日、約8億円に減額申請されたのだ。交付金が決定しながら概算払いが行われず、8ヶ月間、一切の動きがないまま、右から左に55億円という金額が必要ないとされた。

55億円が不要になるというのは一体、どれほど大幅な変更なのだろうか。「変更承認申請」には、その理由を示す添付書類がある。

添付書類では戸建ての除染方法は申請時と「変更なし」と明記されている。仮置き場の構造についても、「変更なし」。

では何が、55億円もの減額を生み出した要因なのか。

変更があったのは、対象となる「戸建て住宅」の数だった。変更前は1万5486戸、変更後は1万1000戸。たかが4000戸減ではないかと思うが、金額が大きく違うのだ。変更前は約41億円なのに対し、変更後は約7億2000万円。ここが、55億円減の中核を成していることは間違いない。

変更前と変更後で、1戸当たりいくら必要だと見積もられているのか。金額を戸数で割った。すると変更前は約27万円、変更後は約6万6000円。市長がIAEAの講演で、Cエリアは1世帯あたり6万円といった数字と、変更後は一致する。

「変更承認申請書」に添付された「実施計画書」では、戸建て住宅の除染方法に「変更なし」と明記しているのに、1戸あたり、なぜにこれほどかけ離れた数字が出てくるのか。

そもそも伊達市はなぜ、64億円もの金額をCエリアの除染のために必要だと申請したのか。交付金として受領できるにもかかわらず、なぜ8ヶ月もの間、一度も概算払請求を行わず、ただ寝かせておいたのか。そして市長選が終わり市長不在の時を狙い撃ちするかのように、この時期になぜ、こっそりと交付金の減額を変更承認申請という形で行ったのか。

55億円の除染交付金が執行残となり、県の基金へ戻された。通常の感覚なら疑問を抱いてしかるべきだと思うが、県は伊達市へのヒアリングも行わず、あっさり変更を認めている。これもまた、市民感覚では理解できない。巨額の金が動く除染事業とは、「普通の感覚」が通用しない世界なのか。

一連の動きを見ていると否応なく、伊達市の確信犯ぶりがちらついてしようがない。1月17日に、Cエリアの住民には「新たな対策を考えている」と全面除染を臭わすアンケートを行い、それを信じた住民が精一杯の思いをアンケートに託したのにもかかわらず、それを顧みることなく（アンケート結果公表は3ヶ月後）、水面下では2月17日、Cエリア除染に使えるはずの交付金64億円のうち、8分の7にあたる55億円を「要らない」と申請して減らしている。

おかしな動きは、Bエリアにも見られた。

Cエリアを減額変更した翌日の2月18日、やはり副市長の鴫原貞男の名でBエリアの交付金に関しても、「除染対策事業変更承認申請書」が出されている。

ちなみに、このBエリアの「変更承認申請書」は伊達市が開示した書類でも、福島県と同じく申請者の名は鴫原副市長になっている。

Bエリアの除染交付金はCエリアと違い、交付決定直後から目まぐるしく動く。交付金申請は平成24（2012）年5月31日、申請金額は約120億円、7月18日に交付決定されるや、翌19日に約2億円、11月8日に約1億円、同月16日に約5億円と、平成26（２０１４）年1月30日までに、合計19回の「概算払請求」を行っている。どれだけ除染工事が実際に動いているかがうかがえる。

しかし、最後の概算払請求をしてからわずか半月後、「変更承認申請」で約１２０億円の交付金を、約90億円へと減額変更を行うのだ。約30億円もの減額は、小さいとは言い難い。

２０１４年2月17日、18日の２日間で、伊達市は約85億円の交付金を「使わない」と減額に踏み切った。ここに何の「意図」もないと言えるだろうか。

さらに不可解な様相が浮かび上がる。

中西準子著『原発事故と放射線のリスク学』（日本評論社、２０１４年3月）。同書には伊達市の半澤隆宏にインタビュー取材をして書かれた「除染の現場から――半澤隆宏さんにきく」（第二章「原発事故のリスク」所収）が採録されている。

このインタビューは２０１３年6月28日に、産業技術総合研究所で収録されたと同書に明記されている。半澤は当時、市民生活部理事兼放射能対策政策監という役職にあった。中西は冒頭、半澤を「除染の神様」と紹介する。

ここに、半澤の次のような発言を見つけた。

「Bエリアは、CエリアとAエリアの間というイメージで、こちらは三五〇〇ぐらいの世帯があり、除染の予算は九〇億くらいです」

「Cエリアは……『あっちは業者さんでやってくれるのに、なんでおれらは自分でやるの？』という話になって、『ホットスポットぐらいは取りますか』で、八億円で済ませました。八億円も、という思いもありましたが、まあしょうがないという感じです」

平成25（2013）年6月段階で半澤は、Bエリアの予算は90億円と明言し、Cエリアは8億円で「済ませた」と断言する。繰り返すが、減額申請は平成26（2014）年2月だ。では120億、64億という交付金申請は一体、何のためになされたのか。そうまでして伊達市は、何をしたかったのか。

同書にある「半澤隆宏さんにきく」は最後に、Cエリアに関してこのように言及している。

「Cエリアは一五〇〇〇世帯。〇・二三マイクロシーベルト／時以上だし、国からお金が来るからやりましょう、といったら八〇〇億円かかってしまう。一方で、節約してもなんのインセンティブもありません。八〇〇億とはいわないでも八〇億ぐらいを復興交付金としてもらっても良いのではないか。そうなっていない現状こそ問題なのです」

800億を、8億にしたご褒美がほしいと半澤は国に不満を漏らす。Cエリア除染は住民のためではなく、国に向けてのアピールのためだったのか。

再び、除染交付金に戻ろう。

Bエリア変更には、看過できない記述があった。Bエリアの「変更承認申請」に添付された実施計画書には、非常に重大な変更が「忍ばせて」あったのだ。

戸建て住宅の除染方法だが、変更前はこう記されている。

「雨樋の洗浄、必要な場合は屋根等の洗浄、コンクリート・アスファルトはショットブラスト等による除染。庭等の表土等は概ね5センチ程度の表土除去＋5センチ程度客土し転圧」

ところが、「変更承認申請書」ではこのようになっている。

「空間線量が0・42（マイクロシーベルト／時）以上の箇所を除染対象とし、線源を特定するため、コリメータを使用する。雨どいの洗浄、コンクリート・アスファルト部は高圧水洗浄による除染を原則とする。庭等の土部は概ね3〜5センチ程度の表土除去＋客土し転圧」

空間線量〈0・42〉。一体、この数字はどこから出てきたのか。除染基準としても他の基準としても、初めて見る数字だ。

Bエリアの公共施設等の除染でも、同じように0・42以上を除染対象とすると明示されている。国の除染のガイドラインは0・23だ。これ以上を、除染対象として交付金を出すとしている。

伊達市はAエリアという特定避難勧奨地点のある高線量地域の次に、線量が高いと「区分け」した区域＝Bエリアにおいても、国の基準を倍近く緩和する除染基準を、「勝手に」作り出し、除染を行ったということになる。

この〈0・42〉という数字は、市の広報のどこにも書かれていない。情報開示請求でもしなければ、市民の目に触れることはない。情報開示請求をしたこちらも、資料の中からたまたま見つけ、目を疑った。それほどさりげなく、〈0・42〉という「Bエリアの新基準」は挿入されていた。

保原町に住む、川崎真理の話を思い出して欲しい。真理は言っていた。

「Bだったら、0・5で除染してもらえている。うちは0・6あったのに、Cだから除染してもらえない」

同じ自治体に住みながら、なぜ、このような不平等を強いられなければならないのか。伊達市がBエリアの除染対象とする基準として打ち出した〈0・42〉より、Cエリアにおける空間線量が高くても、それはCエリアだから除染しないという。Cエリアはあくまで、地表1センチで3マイクロシーベルト／時以上。

地表1メートルで0・6マイクロシーベルト／時あったとして、Bエリアならば0・42以上なので除染対象となるが、Cエリアでは考慮されない数字となる。なぜなら、Cエリアは地表1センチの線量で決まるのだ。

同じ自治体に住んでいるのに、ダブルスタンダードの基準で除染の可否が分かれる。これは明らかに、法の下の平等に反しているのではないか。

いつ、どこで、一体誰が、Bエリアの除染対象の基準を〈0・42〉以上と決めたのだろうか。それは何を根拠として持ち出された数字なのか。

私はそれまでてっきり、Bエリアならきちんと面的除染がされていると思っていたが、どうやら、そうではないようだ。Bエリアであっても、伊達市は基準以下の場所は除染しないことにしたのだ。つまり、Bエリアですら、100％の面的除染が行われたわけではなく、対象を限定した「スポット除染」に、いつのまにか「変更」されていた。伊達市の除染バイブル「除染実施計画」には一切、変更の「へ」の字も示されず。

ということは市内約2万2000戸のうち、きっちりと面的除染をされたのは、Aエリア約2500戸だけになるのだろうか。

このBエリアとCエリアの変更申請は承認され、どちらも2014（平成26）年3月31日に伊達市は県に「完了報告書」「実績報告書」を提出、「終わった」ことにされた。

これが、「除染先進都市」の内実だった。

このような内実とは裏腹に、「除染先進都市・伊達市」の知名度は高く、2013年頃から東京や各地で、伊達市の除染担当者は講演会やセミナーに招聘されるようになっていった。除染の「実際」を聞きたいということで、各地で実務者という立場から講演を行ったのが、除染担当責任者となった半澤隆宏だ。前述したように半澤にはいつからか、「除染のプリンス」「除染の神様」という異名までついた。

手元に、2013年10月16日付、『『伊達市の除染』について』というパワーポイントの講演資料がある。箇条書きで記された、幾つかの言葉を並べてみよう。

「年間1ミリ」の呪縛…0・23マイクロシーベルト／時がひとり歩き
やったことがない？から、無謀な要求
非現実的な除染要求→山のてっぺんから除染しろ
避難区域＝0・23以下まで除染しないと、戻らない線量低い地域＝0・23以上なら、何をやってもいい!?
廃棄物なんか無視？　どこまでも…
「除染」は、すべてを取り除くことではないのに

そして、ひときわ大きな文字でこう結ぶのだ。

全体を見ている行政VS自分の家だけの住民

ここから読み取れるのは、住民不信どころか、住民蔑視とも取れる伊達市の姿勢だ。どこの自治体に行政と住民の関係性を、「VS」で捉え、わざわざ講演資料に大きく掲げるところがあるだろうか。取材に応じてくれた誰もが、伊達市への不信を口にした。あまりにも冷たい、住民に寄り添ってくれない自治体だと。彼らが身をよじるほど苦しんでいた伊達市の理不尽さ。そこには紛れもなく、「根拠」があったのだ。

この年の6月、伊達市議会。定例会で質問に立った高橋一由は疑義を投げかけた。

（高橋一由）……市町村除染対策支援事業ということで除染はしているようですが、余ったり必要なくなったお金の返却があったということで、総額149億4400万円ほどの返却が関係市町村からあったと。その中の半分以上の80億円が伊達市だったということ

で、県議会でも話題になったと、県でも話題になった。伊達市は一体何を考えているのだと、しかも市長選挙で市長がCエリアも除染するという約束をしていながら80億円ものお金を返してよこすとは何たることかということに相なったというふうに伺っていまして、県としても非常に懸念しているという話が私のところに入ってまいりまして、これはどういうことだったのかなというふうにお尋ねしたいのですが、こういう事実はありますか。

（市民生活部理事　半澤隆宏）その件に関しては、Cエリアとは関係ありませんで、Bエリアのほうの予算の分でございます。

明らかに、嘘の答弁をしているのではないか。あくまでBエリアとCエリアの両方であって、「Cエリアとは関係ありません」ではない。しかもここで高橋が俎上にあげたのは、市長が選挙時にCエリアを除染するとした公約違反についてだ。

半澤の答弁は「返した」という追求から、Cエリアを外そうという意図がうかがえるように見える。半澤は議会でさらに、こう捕捉した。

「今、返したとかそういう話になっておりますけれども、県のほうにも確認したいと思います。返したとかそういったことであるとは思っていませんので、県のほうにも確認したいと思います」

2016（平成28）年2月1日、伊達市を訪ねた時のこと。「除染費用を返した」という話を何気なく投げかけたところ、ちょっとしたジャブに半澤も、同席した斎藤和彦放射能対策課長も顔色を変え、色めき立った。

実は当時、いろいろな人から聞いていたのだ。たとえば同級生である高橋佐枝子と河野直子とのランチのひとコマでも。2人はうなづきあってこう言うのだ。

「伊達市は、お金、返したんだから、どうしようもないよねー。80億だっけ？　みんな、知ってるよ、そんなこと」

「返した」という言葉に、半澤は声を荒げて反論してきた。むしろその反応の過剰さに正直、面食らうほどだった。

「ほれ、また出た。返したと。交付金って、市町村にタダで割り振られている、配られているわけじゃないんですよ。それをなんで、返すんですか？」

「でも皆さん、言ってます。返したと」

「どこからですか、それは？　その出処を聞きたいですね。返した？　もらったのに、返したってことですか？　そんなこと、国の交付金であるわけがないじゃないですか。伊達市が寄付を返したのならわかりますよ。いいですか、国の予算というものにそういう形はないんです。今の話は成り立ちませんよ。日本の財政の中で、そんな話はない。もらえないんです。やったものに対して、交付金が来るだけ。やった分だけに来る。逆に言えば、やった分しかこない」

この日は半澤に気圧（けお）されて終わったが、今なら言える。確かに「やった分だけ」交付金は来る。しかし、「使いたい」と申請して、「使っていい」と承認された範囲のお金があるのに、わざわざ「変更して」、85億円以上も減らしたという事実があるではないか。これをどのように説明するのか。

ウィーンから帰国した仁志田市長は、２月27日発行の「だて復興・再生ニュース」で、市民に自らの決意を披露する。

「Cエリアは（中略）Aエリアのような全面除染は必要がないとしているのですが、『全面除染がされてないので安心できない』と言う声があります。（中略）ともあれ、こうした方々に安心して頂くように努めることも行政の責務であるとの考えから、Cエリアのフォローアップ除染を決断したところです。安心してもらうための除染、いわば『心の除染』というものを目指して納得のいく除染を志向することがフォローアップ除染であり、提出された調査表に基づき、真摯に対応してまいりますのでご安心ください」

初めて、「心の除染」という言葉が伊達市民の前に現れた。

放射性物質が降った生活圏を除染するのではなく、安心とは思えない「心」を除染するのだと、市長は意気揚々と訴える。それが、「フォローアップ除染」なのだと。

そもそも国が言う「フォローアップ除染」は、一度除染したのに線量が高くなったところを追加除染するというものだ。

伊達市は何を、「フォローアップ」するのだろう。Cエリアは、そもそも除染もされていないのに。Ｃエリアのアンケートでほのめかした「新たな対策」とは、〈フォローアップ除染〉という名の「心の除染」だったのだ。伊達市のフォローアップ除染は、「心」をその持ち場とする。

同じ線量でありながら、伊達市に隣接する国見町も桑折町も福島市も、全戸全面除染がなされている。ところが伊達市ではＣエリアに居住しているだけで、降り注いだ放射性物質が降ったままに放置され、ウエザリングで自然に減るとか、ガラスバッジで必要ないことが証明されたとか、線量が低いから「大丈夫」とかいう説明で、被害者が放射性物質を受任しろと強いられる。Ｃエリアの線引きだって、市が恣意的に行政区分で決めただけだ。こんなことは、市民の誰も望んではいなかった。

梁川町と国見町の境目に立った。伊達市である梁川町東大枝は除染されていないが、隣の伊達郡国見町西大枝は全戸除染されている。たった1本の境界線で、「東大枝」と「西大枝」とでは住民の心の中に、天と地ほどの差ができあがっている。

11　新しい一歩

原発事故から3年を迎える春、上小国に住む高橋佐枝子の次男・優斗が中学を卒業した。

佐枝子は会うたびに、ずっと言っていた。

「子どもたちがここから出て行ってくれれば、本当に安心する。ここはもう、子どもが住む場所じゃないから」

それは優斗がホールボディカウンター検査で「被曝しています」と医師に告げられて以来、佐枝子がずっと抱いていた願いだった。

すでに高橋家では、2年前に長男・直樹が大学進学で郡山へ、この春、高校を卒業した長女・彩は大学進学で仙台へと旅立つことになっていた。問題は優斗だ。県内の高校に進学し、あと3年、ここ小国で暮らすのか。

優斗は自ら、進学する高校を宮城県にある高等専門学校に定め、合格を勝ち取り、家を出て寮で暮らす道を選んだ。

2014年3月末、優斗は15歳で故郷を後にした。佐枝子は言う。

「私が強制したわけじゃないんだよ。優斗も遠くへ行ってくれっといいなっては思っていたけど。優斗が自分で高専へ行くって決めて、がんばって勉強して、合格がわかった時はうれしがったねー」

佐枝子は、にこっと顔をほころばす。感情をあまり表に出さず、淡々と話すポーカーフェイスの佐枝子らしからぬ、無防備すぎるほどの満面の笑みだった。わが身を思えば、息子を15歳で手放すというのは、親として寂しいことだと思う。しかし、ここには「普通」は通用しないのだと、佐枝子の晴れやかな笑顔が語っていた。それでも、水を向けてみた。

「さえちゃん、寂しぐねえの？　15で手放すって、早すぎない？」

「ほだごど（そんなこと）、ちっとも思わねよ」

佐枝子は目を輝かせ、にっこり笑って首を振る。

「優斗が宮城の高専を受げるって自分で言った時、わたし、『ありがとう！』って思ったんだ。それが一番、いいから。優斗が出てった瞬間は、『やったー！』みたいな、だよ。あんどき、本当にほっとした。これで、心配事がなくなったって」

佐枝子はあの日から、必死で子どもを守ってきた。優斗の再検査にうれし涙を流した直後には、早瀬道子の紹介で「ちくりん舎」に子ども3人の尿を送り、尿検査を行った。

「この時、優斗の尿からセシウムが出なかったんだ。これで、本当にほっとした。やっと、心が落ち着いた。それでも、思いは変わんね。この環境に、子どもらは長くいて欲しくない。こっから出でってくれれば、どんだけ安心するか。いくら線量が下がってきたといっても、ここよりも低いところに行ってほしいがら」

だから、佐枝子は決めた。自分の役目は子どもをここから送り出すことなのだと。

「子どもらを送り出すまでは、きれいな身体でいさせるって決めだんだ。だがら野菜も測るし、会津の米を食べさせる。うちで採れた米は大人が食べて」

佐枝子の願い通り、3人の子どもは全員、小国から巣立って行った。

「3人がいなぐなって、心配することがなくなった。ほしたら、イライラすることもないの。0・1とか0・2じゃなくて、0・0いくつのところに今、3人ともいっから。子どもが今、そういうところで暮らしているっていうだけで、どんだけ安心か」

優斗が巣立った後、佐枝子から眉間の皺が消えた。以来いつ会っても、ほんわかした雰囲気のまま、穏やかな表情をしている。そういえばそんな佐枝子に初めて会ったのだと、それが佐枝子本来の姿だったのだろうとようやく気がついた。私が佐枝子を知ったのは、原発事故後のことだったから。

この時期、伊達市も明らかに新たな局面へと舵を切ろうとしていた。「だて復興・再生ニュース」（平成26年4月24日）において、3ヶ月前の市長選のさなかに配布された、Cエリアへのアンケートの回収結果が公表された。仁志田市長はこう記す。

「回収は全体（1626 2世帯）の30％弱の4750世帯で、このうち68％の3230世帯が不安を持っていると答えております。さらにこれを内容により分類しますと、除染を望む方がもっとも多く1499世帯45・7％で、次はモニタリングを望む方で360世帯11％、健康対策の強化を望む方が249世帯7・6％などでした。（中略）

今回のフォローアップ除染は、どうしたら安心の気持ちを持って頂けるかということにあるわけですので、調査表に基づきそれぞれの世帯ごとに個別に対応をして参りたいと考えております。（中略）

当市が当初計画した除染についてはおおむね終了しましたので、これからは市民の安心を確保するためのフォローアップ除染と、我々の生活に潤いを与えてくれる自然の回復のための里山の除染に取り組んでいきますので、よろしくお願いいたします」

アンケート回収結果、5割近くの住民が除染を望んでいるにもかかわらず、当初に計画した除染は終了し、里山除染に取り組むという。生活圏をそのままに「放置」して、何が生活の潤いだろう。

アンケートに思いの丈を託した住民は、結局、何も変わらないことを思い知らされる。アンケートに示された住民の意思は、3230世帯（68%）が不安に思い、市への対策として除染を望む件数は1499世帯（45・7%）と、最も多いことが明らかになったにもかかわらず。

そしてこの号から、毎回必ず掲載されていた「除染の進捗状況」が消えた。

同号で、市長は福島市、郡山市、相馬市の4市で、国に申し入れをしたことを報告している。石原伸晃環境大臣（当時）に対する4市申し入れは、2014（平成26）年4月14日。

ここで追加被曝線量年間1ミリを実現するための、空間線量率0・23マイクロシーベルト/時という数値への見直しが「合理的な除染作業の数値目標策定」（伊達市）、「年間追加被ばく線量1ミリシーベルトに対応する空間線量の推計計算方法を再考察」（相馬市）、「毎時0・23マイクロシーベルトについては、実生活に沿った外部被ばく量の計算式に見直すこと」（郡山市）、「個人被ばく線量や物理的減衰等を踏まえた除染作業の平準化目標を策定」（福島市）という、4市それぞれの表現で国に要請された。

除染目標の基準値緩和へ向けて、伊達市は意識的に動きだす。次号の「だて復興・再生ニュース」（平成26年5月22日発行）の市長メッセージのタイトルは、伊達市が目指す核心を突いている。

曰く、「年間1ミリシーベルト＝0・23マイクロシーベルト/時の呪縛」。

「先日、伊達市を含む4市（福島市、郡山市、相馬市）で井上環境副大臣に対し、放射能の基準について明確な指針を出すよう要請しました。（中略）

①将来、達成するとしている1ミリシーベルトが、今すぐ達成されていないと安心できないという市民の受け止めに対し、では当面はどのように考えたら良いのか、例えば、当面どの程度（平成23年11月頃、民主党政権時代議論があった年間5ミリシーベルトなど）に考えたら良いのかという点について。（中略）

②……市が測定したガラスバッジによる約5万人の1年間の実測値では、空間線量1時間当たり0・23マイクロシーベルトでは年間1ミリシーベルトに達しない。おおよそ、その2倍、1時間当たり0・46マイクロシーベルト程度でも、1ミリシーベルト未満であります。（中略）実態に即して、年間1ミリシーベルトは空間線量に換算して1時間当たり0・46〜0・5マイクロシーベルトである、とすることについて」

伊達市が先導したとも言われる4市申し入れは、国が除染目標としている空間線量0・23マイクロシーベルト／時という基準を、倍以上に緩和することがその狙いだった。その新たに提案された基準が、0・46〜0・5マイクロシーベルト／時。

Bエリアの除染基準の「変更申請」において、伊達市は除染対象を0・42マイクロシーベルト／時以上と「変更後」の除染方法に明記したが、その意味で伊達市は国に先駆け、緩和された基準での除染を先行的に行ったことになる。

この年の8月、環境省・復興庁と4市（福島、郡山、相馬、伊達）は、「除染・復興の加速化に向けた国と4市の取組　中間報告」を発表、「個人の被ばく線量に着目した放射線防護」を打ち出し、空間線量率が0・3〜0・6マイクロシーベルト／時程度の地域において、年1

ミリシーベルトが達成できるとした。

ガラスバッジによる被曝管理が決して妥当ではないことは、「福島老朽原発を考える会（フクロウの会）」の青木一政の解説で前述した。ガラスバッジそのものの問題に加え、時間の経過とともに子どもから大人まできちんと装着している市民の方が、もはや稀になっている。学校で屋外の授業中、ガラスバッジは本来ならまとめて屋外に持っていくべきだが、今や教室にあるランドセルにつけられたままだ。

そんな状態で得たデータでありながら、被曝管理の基準を空間線量という「場」の線量から、ガラスバッジの計測値という「人」の線量に変えるという大転換を、この中間報告では謳っている。この危険性について、青木は言う。

「放射線業務従事者の被曝管理の考え方は、管理区域を設定してみだりに立ち入らせないことと、立ち入る場合はその人の個人線量を測定するという、『場』の線量と、『人』の線量の二段構えで安全が確保されています。なぜ一般市民が、『人の線量』のみで管理されなければならないのか」


この時期、行政に振り舞わされる一方だった早瀬家もまた自らの意思で、新たな一歩を踏み出そうとしていた。それは、家を建てるということだった。道子は言う。

「事故後、子どもを守るためにやれることは全部やってきたって、胸を張って言えるんです。子どもを第一にと、ずっとがんばってきました」

そうやって、母鳥は必死に子どもを守ってきた。でも……という思いが、道子に芽生えたのはいつだったただろう。このままでいいのか、このまま羽を毛羽立てて敵を威嚇しているだけで、本当に子どもは守れているのか。

きっかけは、前年夏の龍哉の入院だった。転校生としてのつらさを龍哉は、母にも気づかれないように自分ひとりで耐えていた。その無理が、高熱を出しての入院となった。

「あたし、何してきたんだろう。放射線からの防護はしてきた。それは胸を張れる。でも、子どもがつらい時、『ママ、助けて』って言えないほど、余裕がない親になっていた。非は、私にもあった」

前に進む姿をどれだけ、子どもに見せてきたか。やってきたのは小国小や伊達市との闘い、そして取材に答えること。声をあげれば、きっと変わると信じ、取材に応じてきた。

「だけど、訴えても何も変わらなかった。じゃあ、この3年で何が残ったのだろう。私、子どもに何をしてきたんだろう。私もお父さんも伊達市や小国小や東電に怒っているだけで、子どもに、大人が前進する姿を見せてこなかった」

道子と和彦は何度も話し合った。

「それが、家だったんです」

たまたま小国の家が、三方から仮置き場に囲まれたことも大きかった。県外避難への思いも捨てきれず山形県へ家探しに行ったものの、ちょうどいい物件が見つからないだけでなく、「避難者にはもう貸したくない」と言われ、山形移住をきっぱりと諦めたこともある。

「だから、梁川に家を建てることにしたんです。借上げマンションは、窮屈でけんかの絶えない場所だし、龍哉には『僕たち、いつまでここにいれるの？　僕たち、これからどうなんの？

僕たち、どこに行くの?』という不安が絶えずあった。子どもたちにそろそろ、地に足がついた生活をさせてあげないといけないって」

新築の家を建てることは、小国の家のローンとの二重ローンを抱えることになる。死ぬまでローン返済の日々が続くことを覚悟の上で、2人は決意した。

「お父さんと話して、とにかく大人も前進しようって決めたんです。家がない、地盤がない生活はもう限界だねって。子どもの状態を見ていたら、これ以上は無理だって。こっちに安い土地を見つけて家を建てて、自分たちの家から『いってきます、ただいま』という生活を子どもたちにさせてあげたい。下の子が高校を卒業するまで、12年間ある。その間ずっと、マンション暮らしをするよりはるかにいい。今また原発が爆発してたとえ5分しかその家にいれなかったとしても、前進する姿を見て何かを感じてほしいから」

梁川に家を建てることを子どもたちに伝えたら、3人の顔がぱあーっと晴れやかになった。道子は夫婦の決断が間違ってなかったことを、改めて思う。

龍哉たちは学校から帰ると、毎日、家の建築現場を見に行った。

「僕たちの家、ここに作るんだよね。ここが僕たちの家なんだね!　ママ、今日はトイレがついたよ!」

子どもたちの笑顔が増え、明るくなってきたことが親として何よりの喜びだった。

伊達市で暮らす選択をしたということは、それは道子にとって最低限、きっちりと放射線を防御できる生活環境にしなければいけないことを意味していた。家を建てる前に「除染推進センター」の職員を呼んで、敷地の線量を測定してもらった。

「Cエリアといえども、梁川も決して低くはないんです。ある程度の線量はあった。高いところで、1マイクロはあったから。敷地内の表土をすべて剝ぎ、草が生えないようにシートを敷き、その上に砂利を撒いたんです。だから外の線量は、家の中と変わらない」

道子と和彦はできるだけのことを試みた。

「庭は、土を天地替えした。表面の線量は高かったけど、ひっくり返せばぐんと低くなった。屋根は瓦のような吸着しやすいものではなくトタンにして、隣のマンションとの境の植え込みが1マイクロ近くあったから、その前に倉庫を建てて子どもが行かないように遮蔽した。ここで暮らす以上、守れることはできるだけやろうと」

なぜ、汚染された土地に住み続けるのかという批判も遠巻きに聞こえる。道子は言う。

「『この家、あなたにあげるから住んでちょうだい。仕事もあるよ』と言うのなら、避難できると思う。母子だけで避難というのも、選択肢にはなかった。だって親子の時間は戻ってこない。家族バラバラになるぐらいだったら、どんな苦労、どんな努力もするって決めた。だから、この家、掃除機のゴミパックの検査をしても、セシウムがものすごく少ないんです」

腱鞘炎になるぐらい、毎日、拭き掃除をしています。肘が筋肉痛で上にあがんないぐらい。だ

新築の家で、早瀬家が新しい生活をスタートさせたのは、2014年5月。龍哉は5年生、玲奈は2年生、そしてこの春、一番下の駿が梁川小学校に入学した。

2015年夏、愛知県大府市に椎名敦子を訪ねた。小柄で折れそうなほど華奢な身体なのに、顔が以前より、ふっくらしている気がした。

「こっち来て、私、太ったんですよ」

にこって笑うお茶目な表情は、初めて目にする穏やかなものだった。

「こっちへ来て緩みっぱなし。気を張ってなくていいし。毎日、のほほんとしてます。すごくよかったのは、家族の絆が深まったこと。離れているからこそ、やさしくなれる。私には感謝の気持ちしかない。お母さんが家のことをやってくれるから、ここにいられるし。離れて悲しいんだけど、やっぱり家族であり続けるために、お互いが努力を惜しまない。毎日、フェイスタイムで話しているし……。子どもたちには、『パパとママ、ラブラブだよ』って言ってるんです」

中学入学と同時に愛知での生活を始めた長男の一希は野球部に入り、友達もでき、新生活を謳歌するようになったが、小学4年生の長女・莉央は、「私は小国にしか、友達はいない」と頑（かたく）なに友人を作ろうとはしなかった。

「娘は大変だったけれど、夏に保養キャンプで小国の友達にこっちで会って吹っ切れたのか、そこから少し、生活に前向きになった」

一希は高校でバドミントン、莉央は中学でバレーボールと2人とも部活をがんばり、のびのびと学校生活を楽しんでいる。

夫の亨は多い時で月2、最低でも月1のペースで大府の家族のもとへ車を走らす。

「慣れたので、7時間ぐらいで行けちゃうんです。金曜の午後に出て、9時か10時に向こうに着いて、お風呂に入って晩酌。翌日は遊んで、日曜の午後に向こうを出る。これが普通になりました。娘は、前はすごく喜んでくれたのに、今は『ああ、パパ、来たの』って。全力で迎えてくれるのは犬だけです」

確かに、最近は子どもたちの部活が忙しく、土曜日は夫婦だけで出かけるほうが多い。

亨は言う。

「こっちだと、『夕ご飯、何にする?』なんて言われてもなんでもよかったのですが、向こうでは『じゃあ、俺も一緒に買い物に行くか』ってなる。最初はそういうのが新鮮でした。今は、普通になったかな」

自主避難という形なので、支援は家賃と高速道路料金だけ。決まったルートをたどるという条件付きで高速が無料になる。生命線でもある家賃支援は、2017年3月で打ち切りになる可能性が高い。そうであっても、2人の考えは変わらない。敦子は言う。

「子どもたちが自立して、どこかで生きて行けるようになれば、私は小国に帰れるんです。私は帰らないといけないけれど、子どもと一緒に帰るというのは考えてない」

亨も同じ考えだ。

「家賃支援は、あったほうがいいに決まっている。けれど家賃が打ち切られても、子どもが独り立ちするまでは、この生活をすると夫婦で決めている。『お金があるから、避難できたんでしょ』と言われることもあるけれど、そんな薄っぺらい考えで決断したのではない。うちは放射能を受け入れるという生活に、折り合いをつけることができなかった。他の家はできたかもしれないけれど、うちはできなかった。それだけです」

フェイスタイムで毎日話し、時に亨は晩酌に敦子を付き合わせる。敦子はアイロンをかけながらフェイスタイム越しに夫の酒の相手をする。時に同じテレビを見て、同じところで笑っていることに気づく。まるで隣にいるよう。だから、家族のコミュニケーションに障害はない。亨は言う。

「子どもたちに助けられましたね。向こうの生活にうまく馴染めず、子どもがつまずいたら、また生活を見直すことになったろうし、子どもが俺たちの気持ちを理解してくれたと思う」

当初、なかなか避難を納得しなかった莉央に敦子はこう話した。

「もしかしたら、莉央に健康な赤ちゃんが生まれないかもしれないよ。それはわかんないよ。でも、そういう可能性があるから、そうならないように避難を決めたんだよ」

莉央は黙ったままだった。しょうがないと思ったと、敦子は理解した。

敦子は亨が長時間運転で、わざわざ会いに来てくれることにいつも感謝している。

「大変な思いをしてやってきてくれるんだから、来た時ぐらい、やさしくしてあげよう。けんかもしなくなったし、いいこと、いっぱい。子どもも安心している。『どうせ、パパ、またすぐ来るでしょ』って」

避難してよかったと心から思う。自分が危惧したことは、すべて現実になったから。新年度から小国小は屋外活動やプールを再開し、「普通に」戻そうとする動きが強まった。なし崩し的に子どもが育つ環境において、事故がなかったもののようにされてきている。

避難した年の年末、小国に戻る途中、福島のパーキングエリアでコーヒーを飲もうと自販機を探した。見つけた自販機には、「がんばっぺ、福島」の文字が大きく張り付いていた。それを見た時の衝撃を、敦子は今も忘れない。

「ああ、あたし、自販機にまで励まされてるって思いました。がんばれないと思って出て行った私に、自販機まで『がんばっぺ』って言ってくる。なんか、ああーって涙が出てきた。頑張らない人は、ここにはいちゃいけないいんだって」

12　Cエリアに住むということ

市長選後、「公約違反ではないか」とCエリア全面除染を望む声が急激に高まった。Cエリア除染を期待し、「市長がやってくれるなら」と投票した住民も少なからずいたからだ。

そんな声に対する、仁志田市長の返答に揺るぎはない。「だて復興・再生ニュース」(平成26年6月26日号)の市長メッセージでこう訴える。

「……除染は生活圏中心で身近であったためか、本来は被ばく対策のため空間線量を下げる手段であったものが、いつの間にか目的化し、線量に関係なく『除染をしてもらってないので安心できない』という声になってしまった面があります。(中略)

今、必要なのは、人々の心にそうした信頼を取り戻す『心の除染』と言うべきものなのではないでしょうか」

またもや、「心の除染」だ。そして除染は手段であって、目的ではない。これも今や、伊達市の常套句だ。伊達市のアドバイザーである多田順一郎の考えも全く同じだ。

「……国や県が除染の具体的な戦略を示さず、除染のための費用だけが流されてきた結果、人々の受ける放射線の量を低減させる『手段』である除染が、いつの間にか『目的』化してしまい、測定された個人線量が一年間に一ミリシーベルトを下回っているにも拘わらず、『市内全域を公平に除染する』というequityとequalityを履き違えた議論が市長選の争点になる事態まで起きてしまった」（『エネルギーレビュー』２０１５年４月号）

多田は今、除染に多大な期待を抱かせたことを専門家として「反省」する。２０１６年1月31日に福島県文化センターで行われた、各市町村の放射能アドバイザー意見交換会で、壇上に立った多田は「全国の納税者に申し訳ない」と、「反省」を口にした。

自身が理事を務める、ＮＰＯ法人放射線安全フォーラムが同年2月20日に開催したシンポジウムでも、多田はこのような文章を発表している。

「……伊達市以外では、汚染のレベルとは無関係で画一的な除染が実施されるようになりました。（中略）戦略なき除染は、市民の『安心』を求める声が上がる度に、どんどん範囲を拡大させ（中略）線量低減に寄与しない除染を止め切れなかったのは、現地でお手伝いをしてきたアドバイザーとして、除染事業を支えて下さる、全国の納税者と電気料金負担者に申し訳なく思って居ります」

先の放射能アドバイザー意見交換会では、傍聴に詰め掛けた伊達市民から、次々と抗議の声が上がった。
「多田さん、今すぐ、伊達市のアドバイザーをやめてください！」
多田はこの日、名刺交換をした私の担当編集者にこのようなメールを送っている。

「昨日は、汚染が伊達市の中で最も軽微なCエリアの住民のうち、除染という『行政サービス』を受けられないことに不満をお持ちの方々（全市では百数十人）が、なかなか賑やかで、事情をご存じない方は、聊か驚かれただろうと思います。
（中略）自分たちの思い込みの世界に引き籠ってしまった人達は、信念に合わない話には耳を貸さず、客観的な情報を前にすると思考を停止させてしまいますので、到底リスク『コミュニケーション』など成り立ちません。（中略）嘗てのオーム（ママ）真理教の信者や、今日のISに身を投じる若者たちのようなものかも知れません」

これほどまでに市民をヒステリックに敵対視する人物が、伊達市の放射能アドバイザーとなったこともまた、市民にとっては不幸なことだった。

2014（平成26）年は伊達市議会も、Cエリア除染を巡って市当局への激しい批判を繰り返した。これは、市議会9月定例会でのやりとりだ。

（丹治千代子）……1月の市長選のときに、後援会報にCエリアも除染して復興を加速すると書いてありました。（中略）市長は公約どおりCエリアも除染すべきと思いますがお考えをお伺いいたします。

（市長　仁志田昇司）……安心を得るためにどうしたらいいのかということ、それがフォローアップ除染ということであります。（中略）基本的にCエリアはホットスポット除染をしているわけであって、これも除染なのです。（中略）Cエリアのフォローアップ除染を実施しますというのが公約です。

12月の定例会では、このような応酬があった。

（中村正明）どうして伊達市は周りの自治体と同じくできないのか。そのできない理由をお聞かせいただきたいと思います。

（市民生活部理事　半澤隆宏）むしろ、逆に、周りの市町村がなぜ伊達市のようにできないのかということなのだと思うのです。つまり、早目にやることが大切だということで、（中略）放射線防護というのは（中略）健康影響被害を低減するためにやるものですから、いつかはやってもらうというような事業ではないわけです。ですから、ほかの市町村ももう少し早く取り組んでいれば、被ばくを防げたのではないかなというふうに思ってございます。

なおも激しく食い下がる中村議員に、今度は市長が答弁に立つ。

（市長　仁志田昇司）……理由もなく、放射能の防護の科学的な根拠もなく、ただやれというのは、どういう理由によるのですか。私は全く理解できないです。不安に思っている人がいることは承知しているからフォローアップ除染をやっていますけれども。（中略）放射能防護的には必要がない、大丈夫ですと、それは断言してもいいですし……、放射能の専門家の意見を聞いてやっているわけであって。

何を聞いても、「放射線防護」。今に至るまでCエリア除染に関しては、この論争の繰り返しだ。

田中俊一から多田順一郎へ、「放射線安全フォーラム」というＩＣＲＰが提唱する放射線防護の考えを支持する「専門家」の指導のもと、伊達市ではすべての根拠は「放射線防護」に行き着く。

では、ＩＣＲＰが提唱する「放射線防護」とはどのようなものなのか。「フクロウの会」の青木一政はこのように解説する。

「ＩＣＲＰは原発が本格的に世界中で建設される時期に、被曝に対して、それまでの原則である『可能な最低レベルまで低く』を修正してきました。今は１９７３年に出された『経済的・社会的な要因を考慮に入れながら、合理的に達成できる限り低く』という言い方になっています」

なぜ、放射線から人を守る放射線防護に、「経済や社会」的要因が考慮されないといけないのだろう。青木はＩＣＲＰの考えを噛み砕いて説明してくれた。

「これ以上お金をかけても、それに見合う健康リスクが低減されないならば、それ以上はお金をかけない」

今度はお金だ。これが放射線防護の考えなのか。青木はさらに言う。

「がんやその他の病気が出ても、ある程度の人数以下ならば、それは原発による電力というメリットがあるので我慢してもらいましょう……という考え方です」

だから多田は「納税者のみなさまに申し訳ない」と言うのか。青木はさらに言う。

「合理的という言葉には注意が必要です。ＩＣＲＰの評価は科学的・医学的評価ではない。経済的・社会的評価なのです」


２０１６年2月の伊達市取材において、Ｃエリアを除染しないことへの疑問に対し、放射能対策課の斎藤課長はＣエリアの住民に対して行った「同意書」の集計結果を示した。

世帯数1万５１２５世帯のうち、同意書提出世帯は1万２７９１。同意書提出世帯とは、「作業を申し込むまたは辞退する旨の同意書が提出された世帯」とある。斎藤は言う。

「『私の家はやらなくていいですよ』という世帯と、『あればそこだけ取ってください』という世帯に対して、『おれは全面除染じゃないとダメだ』と言ってるのは３０００を切っている。この差、ですよ」

半澤隆宏はさらに付け加えた。

「Ｃエリアで面的除染を要望する人、それはゼロではないですよ。90％以上がそうではないですが。希望する人は多くないですよ。面的にやって欲しい人に対応するわけにはいかない。お金がかかるんで。同じ税金を投入するんであれば、線量の低いところにではなく、もっと効果的に使ったほうがいいのでは？　はっきり、そう思いますよ」

　これが同年5月30日の取材では、さらにこうなった。半澤は言う。

「Cエリアも面的除染をしてほしいと言っている人は、ごく一部なんですよ。調査票で３０００いくつかの世帯が望んでいましたが、全戸訪問してちゃんと説明したら、３３００世帯は納得していただいたんですよ。だから、最後まで面的除染だと言い張って残っているのは、１００世帯ぐらいなんです。正確には、１０７戸ですが」

　１０７という少数だから、切り捨てていいという発想。住民に最も近い場所にいる自治体が、少数だからと住民を切り捨てていいのだろうか。

　川崎真理の取材で、「除染太助（たすけ）」という存在を初めて知った。「除染太助」とは、除染した土や草を入れる簡易保管庫だという。今、真理の手元には伊達市の除染推進センターから支給された軍手の束に土嚢袋、ビニール袋などがある。

「市は大丈夫だというけど、私はそうは思わない。だけど、うちは3マイクロないから、結局はやってもらえない。自分でやれって言われても、これだけの広さは無理だから。でも、しょうがないから子どもが通るところだけはやって、除染太助に入れておいたけど、太助も回収されちゃった。除染太助は自分の家の仮置き場のようなもの。家から一番離れているところに置いていたけど」

土嚢袋や軍手を並べて見せてくれた真理が、嘆息を漏らす。真理はきっぱりと言った。

「これで、自分で除染しろってふざけてないですか？　私たち、何をしたっていうんですか？　勝手に放射能をばら撒かれて、めちゃめちゃにされて、お掃除道具は貸しますから自分で掃除してくださいって。同じ空間線量なのに、Bだったら業者にやってもらえて、Cは自分でやれって。私は太助を借りてきて子どものために少しはやったけど、これっておかしくないですか？」

それは水田渉も奈津も、そして早瀬道子も和彦も、変わらぬ同じ思いだ。おそらく彼らは半澤が言う、１０７世帯に入っている。少数派で切り捨てられる人々に。

なぜ、たまたま伊達市のCエリアに住んでいるだけで、放射性物質がそこにあるのに行政から何もされず、「心の除染」のみを強制されなければならないのか。

しかし、そんな住民の思いを、半澤はあくまで「後付け」だという。

「伊達市から2年も遅れて、隣の国見町も福島市も全面除染を始めた。こっちは終わろうとしているのに。だから、『隣がやってるのに、あっちだって同じぐらい低い線量なのに、なんでこっちはやんないんだ』となってしまった。つまり、後付けなんです。当時、そんなこと、思っている人はいなかったのに。こっちから言わせれば、これからやる国見の方がおかしいんだ。放射線防護の観点から言ったら、2年間何もしないでこれからやる方が。だから、Cエリアもやれと言ってる人は、人のふんどしで相撲をとってるんです」

梁川町に住む河野直子の家は、世帯主である弟の強い意向で2次モニタリングを辞退した。

すなわち、伊達市が言う「同意書提出世帯」にあたる。直子が言う。

「私は、除染はやってもらった方がいいよって言ったんだけど、弟が頑なにいいというので辞退したんだけど、周りに（放射性物質が）あると思うと嫌だね。いい気はしない。今はあきらめ、しょうがないって思う。伊達市はどうせ、やってくんに（くれない）と思うしね」

直子は毎日、80半ばの母親と同じやりとりを続けている。母は自分が畑で作った野菜を食べろと、食事のたびに言う。

「なんで、食べねんだ」

「セシウムが入っているかもしんにから、私は食べねよ」

「伊達市は大丈夫だと、言ってっぺした（言ってるでしょう）。もう、誰も気にしてねえぞ」

「私は気にしてっから、食べません」

直子は苦笑する。

「このやりとり、母親が死ぬまで続くと思うよ。年取ってっから、わがんねの。毎日、毎回、同じことやってんだよ」

仙台に住む長男に子どもが生まれたが、孫は実家に連れてこないようにと息子には言ってある。

「とても、ここで孫は遊ばせられない。おっかない。こういうストレスは、余計なものだと思うよ。もし除染してくれたら、どんなに気が晴れるか。除染してくれたら、伊達市に間違いなく心から感謝する。隣の国見も桑折もちゃんとやってもらってんのに、なんでだべない（なぜなんだろう）」

事故後もよく、私は直子と会っていた。小国の高橋佐枝子の家にも車で連れていってくれたし、温泉で1泊したこともある。だけど私はわかっているようで、あたかも寄り添っているようで、直子の日々の思いなど何もわかっていなかった。福島原発事故後、除染されていない土地で暮らすということが、どういう影を心に落としているのかを。

「いやなもんだよ。ああ、周りにあるんだ、あそこにもここにもって。あるんだというのが、ものすごいストレス。前はなかったのが、あるんだがら。それが一生、ついてまわるんだよ。つらいよ。思いつめっと、鬱になっかも」

子どもの頃からいつも冷静で落ち着いていて、客観的にものごとを見る直子。頼り甲斐がある気丈なその眼に、涙が宿るのを見たのは初めてのことだった。

13 「放射線防護」のための除染

2016年10月23日、午前8時。気持ちよく晴れ渡った秋空の下、梁川総合支所前の広場にはカラフルなテントが張られ、スポーツウエア姿の人たちであふれていた。

これから「三浦弥平杯ロードレース」が行われようとしていた。開会式に仁志田市長が出席することが市のサイトにアップされていたため、ここで直接、市長に取材をしようと試みた。伊達市の広報を通して市長へのインタビューを申し込んだのだが、多忙を理由に断られたからだった。

仁志田市長は思ったより小柄で、写真で見た通りの濃い眉が印象的だった。開会式終了後、名刺を渡して自己紹介をした。

「梁川出身のライターです。ノンフィクションを書いています」

「梁川！　おお、そうかね」

　意外とばかりに、ちょっとうれしそうな表情。

「広報を通して取材を申し込んだのですが、お忙しくて時間が取れないということで、今日、ここにきました」

「そうかね？　そんなことがあったのか」

　取材拒否はどうやら、市長の意思ではなさそうだった。そもそも取材を申し込んでいること自体、知らないようだ。

「今、原発事故のことで伊達市を取材しています」

　朝陽が輝く澄み切った秋空のもと、スポーツの祭典という和（なご）やかな雰囲気の中に、ぼっと投げ出された「原発」という言葉。唐突だったせいか、市長の反応は鈍い。

「お忙しいと思いますので、単刀直入にうかがいます。除染の交付金のことです。市長がウィーンで講演をされた平成26年2月、CエリアとBエリアの除染交付金が合わせて、86億円も減額されていますが、それはどうしてなのですか？」

　市長はポカンとしている。質問の意味、意図するところが分からないらしい。

「それはなんですか？　減額って聞いてないな」

「Cエリアは64億で交付金が決定されていたのですが、それを8億でいいと変更申請が伊達市から県になされています」

「なんのことかな？　わからないな。いや、適正にやっているはずですよ。計画を変えることはできないですから。それをするには、きちんと申請しないと」

「その変更の申請が、市長がウィーンに行っている間になされています」

「いや、そんなはずはないと思いますよ。交付金の細かい流れはいちいち、私は介入しませんから」

　減額申請について、市長は何も知らないのではないか。質問の意図するところがわかれば警戒するだろうし、何か策を弄（ろう）するのではないか。そのようなものが一切、表情から読み取れない。だけど何だろう、この手応えのなさは。

　目の前の市長は、質問の意味するところをわかりかねているようだった。除染について聞いているとわかったのか、市長は続ける。

「除染はスピードが大事なんです。だから、わが市では高いところから区分けをして、迅速にやってきたわけです」

　議会答弁のようになりつつあるが、その流れに乗った。交付金のことはいくら聞いても同じだと思えたから。

「はい、ＡＢＣエリアですね。今、Ｃエリアで面的除染を望む声がありますよね」

「それは私も知ってますが、やるのが大変というより仮置き場なんです。Ｃエリアのように広い地域だと難しい。Ａは狭いエリアなので行政区ごとに作ることができたが、Ｃは違う。問題は仮置き場だ」

　仮置き場がＣエリアを除染しない、最大の障害なのだと言いたいのだろうか。

市議の高橋一由に話を聞いた時、仮置き場問題がネックだという指摘があった。高橋は、昔から除染担当の職員、半澤隆宏をよく知っているとした上でこう話した。

「Aエリアの仮置き場説明会で半澤は相当、叩かれたんだよ。吊るし上げにもあった。だから彼としてはもう、めんどくさいの。Bエリアだって『やっちゃくね（やりたくない）』って言ってたから、Bエリアは、俺が仮置き場を探してやったんだよ」

いつまでこの質問が続くのか、市長からちょっと困ったような表情が読み取れる。嫌なら質問を打ち切って、踵(きびす)を返せばいいだけなのに。こちらも何を聞いても、暖簾(のれん)に腕押し感がつのる。いくら言葉を重ねても、同じような気がしてくる。

「だけど、市内の7割を占めるエリアを除染しないというのは問題なのではないですか？」

「伊達市の除染のやり方は正しいですよ。7割近い市域を面的にしないことも。除染はスピードなのですから。側溝もやっと始まって、今、やってますよ。もっと早くすべきだったが、仮置き場ができずに難航した」

「除染はスピードというのは、半澤さんからも聞いています」

半澤という名を聞いた市長の表情が、ぱあーっと明るくなる。どこか、ほっとしたような……。

「なんだ、半澤くんに会っているのか。じゃあ、大丈夫だ。彼から聞くといいよ。何でもよくわかっている」

その時、号砲が鳴った。

「スタートだ。行かないと」
号砲というきっかけを得て、市長はくるりと背中を向けてあっという間に走り去って行った。

除染交付金をめぐる情報公開請求で得た、腑に落ちない疑問の数々。どうしても、除染の責任者である市長直轄理事兼放射能対策政策監、半澤隆宏に訊かなければならない。

最も大きな疑問は、Ｃエリアの除染交付金にある。64億円で申請し決定が下りていながら、なぜ市長選の翌月に8億円に減額したのか。選挙期間中、仁志田陣営はＣエリアを除染するかのような公約を掲げた。その時点で、64億円は手つかずのまま残っていた。概算払い請求もせず、ただ寝かせておいたと言っていい。

Ｂエリアも同時期に、約30億円の減額申請がなされている。同時に０・４２マイクロシーベルト／時という、今まで見たこともない数字が出され、それ以上を除染箇所とするという、面的除染からスポット除染への転換が行われた。

これらの疑問を解くために、２０１６年11月１日、伊達市を訪ねた。

半澤と相対するのは、これで５度目になる。会うたびに恰幅（かっぷく）が良くなり風采が上がっていくのは、「除染の神様」となり、順調に出世街道を歩んでいるからか。２０１６年３月22日にはＩＡＥＡ欧州会議に招聘（しょうへい）され、講演まで行っている。地方都市の一職員にそのような場が与えられるとは、原子力推進機関にとって、伊達市はどれほど重要な自治体なのだろう。

単刀直入に疑問点をぶつけた。

――Cエリアの除染交付金についてうかがいます。平成25年4月1日に64億円で交付金申請がなされ、6月28日に県の決定が下りています。ですが、平成26年2月17日に8億円への変更申請がされています。56億円もの金額が、減額された理由をお聞きしたいです。

すでに、県と伊達市に除染交付金の資料一式を情報公開請求で私が得たことは、伊達市側にとって折り込み済みのこと。ゆえに、この質問は想定内だったようだ。待ってましたとばかりに、半澤は話し出した。

「当初、仮置き場が必要だという認識があったし、もうちょっと幅広く汚染されたところがあったんではと考えて、そういうふうになったんですよね。今の東京オリンピックと違って、増やせないんですよ。減らす方が簡単だから、過剰に申請して、減らすというパターンなんです」

でもいくら過剰と言っても、あまりにもかけ離れた額ではないか。

――とにかく4月1日に申請した時には、64億円でやっていこうとなっていたわけですよね？

「4月の段階ではそういうふうにやろうとしたけれども、検討していって、住民のモニタリングをやって、ホットスポットを見ていったら、想像以上に少なかったっていう面もありましたし、仮置き場はいらないなとか、減額せざるを得ないと、（平成）25年の間にやっていくうちにだんだんと」

――25年のどのあたりで、56億円は要らないなとなったのですか？

「どのあたりって、はっきりこのあたりっていうのは言えないけれど、やっていく中で、11月か12月頃だと思いますよ」

――11月、12月頃に、8億円で済みそうだっていうことですか？

「だいぶ、金額が少なくて済みそうだというのがわかったのですよ」

――56億円も要らなくなった根拠が、よくわからないのです。確かに対象となる住宅は、1万5000戸から1万1000戸に減っています。問題は金額で、変更前が41億円なのに、変更後が7億円。しかも、戸建除染の除染方法には、「変更なし」と明記してあります。どうしてこれほど、見積もりが違ったのですか？　1戸あたりにすれば、27万円から6万円への変更です。

「まあ、それはちょっと過大だったということですよ。当時、手探りでやっていたので。過大見積もりであったことは認めますよ」

――このCエリアは、BやAと違って、一度も概算払い請求がなされないで、56億円減額という形に変更され、25年の年度末に、除染完了届が出されています。お金は全然動かさないで、Cエリアの除染をされてきたわけですか？

「Cエリアについては、実際に動き始めたのは、25年の夏過ぎだと思うんですよ。夏ぐらいに線量を測って、そのなかで、そこまでの必要はないだろうということになってきたわけです」

「除染方法変更なし」にもかかわらず、なぜ27万円の見積もりが6万円でいけるとなったのか、一向に明確な回答が見えてこない。半澤の答えは、「過大請求」に終始する。

「交付金の構造上、減らす方がらくだけど、増やす方は難しい。それで多めに、過大になりがちだったんです。AもBもそうでしょう?」

Aは160億円から150億円への減額、これは理解できる範囲だ。Bは違う。120億円から90億円へと30億円のマイナス。この金額は看過していいとは思えない。もう一度、念を押す。

――これだけの大幅な減額が固まったのは、いつの時点なんですか?

「先ほど言ったように、秋口という形ですよね。まあ、やっていってということだから」

ここで、中西準子の著書を示した。

――この本に半澤さんのインタビューが載っています。インタビューが収録されたのは2013年6月28日、たまたまCエリアの交付金が64億円と決まった日なんですね。

「そりゃあ、たまたまでしょう」

――そうだと思います。でもここで、「もう、Cエリアは8億円で済ませました」と、この時点で、半澤さんは言っています。交付金の決定が下りて、64億円は過大に見積もっていたのかもしれないけれど、これでやろうと決まった日に、しかも過去形で。

一瞬、虚をついたのかもしれない。半澤は媚びたように笑う。

「済ませましたって、だから……。半年間、過ぎてきて、それは必要ないと」

――半年じゃないです。4月に申請して、これはまだ2ヶ月が過ぎた時点。

「ほほう。だから、さっきから言ってるじゃないですか。その前にもう、わかっていたことなんですよ。交付金の変更っていうのは形式的にやることなんだけど、それは年度の終盤にやるんですよ」

――「済ませました」って、6月のこの時点で。あるいは、「8億円も、という思いもありました」ともおっしゃっている。

半澤は本の日付を確認する。インタビュー収録日も。

「2013年6月。2014年の本……」

――使うつもりがないお金を、請求したとしか思えない。

「だから、過大だったということなんですよ」

半澤は矛盾に何も答えてはいない。それにしても64億円を請求して全額、使っていいとなったのに、8億円しか使わないことの異常さ。市民感覚では、「あり得ない」としか言いようがない。しかも「秋頃に、減らすことが決まった」と半澤自身、明言したにもかかわらず、それより数ヶ月前の6月のインタビューで「8億円で済ませました」と話している。

最初から、「8億円ありき」だったのではないか。Cエリアの除染は「8億円で済ます」ことが決まっていながら、64億円を請求した。それは、何のために？

――市長がウィーンに行って留守の間に、BエリアとCエリア合わせて、86億円が減額されています。なぜ、敢えてここだったのですか？

「このタイミングで出したことに、意図はないですよ。たまたま、そうなった」

市長がウィーンに持って行ったパワーポイントには、「過去形」で、ここで変更された除染費用と一致する金額が明記されていた。

――市長はIAEAのスピーチで、この金額をパワーポイントで出しています。Bエリアは

90億、Cエリアは8億と。国際的な会議の場で、伊達市の市長という責任ある立場の人が、減額申請しただけで、まだ県の決定も下りていない金額を公言していいのですか?

「そこは別に問題ないと思いますよ。もう、そういうことになっているわけだから」

最初からの出来レースだ。そうとしか思えない。シナリオが先にありきという……。

理由は間違いなく、市長選だ。6月時点で、8億円で済むとわかったのなら、さっさと変更すればいい。減額申請は年度末にするものだと、半澤は言った。しかし6月段階で56億円が不要になるとわかったというのなら、その時点で減額申請をするのが「常識」であり、「モラル」なのではないか。

――市長選は1月末でした。選挙期間中、仁志田市長は「Cエリアも除染します」と謳っています。64億円申請はCエリアを除染しますという、アリバイ作りではないのですか?

半澤は薄ら笑いを浮かべて、切り返す。

「逆じゃないですか。市長選のことがあれば、12月ぐらいに、64億円ありますって宣伝すればよかったんじゃないですか?」

――でも今まで、いくら除染交付金を取ったと、ひとつでも市民に開示していますか?

「してないですよ。でも外にP.Rしなければ、誰も知らないんだから、何もアピールにはならないじゃないですか? それこそ、選挙前にCエリアを発注した方が、受けはいいですよね?」

いや、違う。そのように宣伝してしまえば、本当にやらざるを得なくなってしまう。Cエリアの面的除染などやるつもりはないのに、やるという振りをするために、64億円の申請だけはしておいたのではないか? そう考えるのがずっと自然だ。あるいは万が一、仁志田市長が負けた場合も考えて保険をかけたのかもしれない。

そもそも、Cエリアの住民が一貫して望んでいるのは、「スポット」ではない、面的な除染だ。Cエリアを全面除染すれば、800億円かかると半澤は講演などで公言している。この64億円という金額自体、どうやって算出されたのだろう。

——誰かが調べて、初めから8億円の申請なら、「これでCエリア、できる訳がないだろう」っていうことになる。そうなったら困るからじゃないですか？

「面白いフィクションですね。だけど、外にアピールしなければ意味がない」

——アピールにはならないけれど、アリバイにはなる。必要以上に墓穴を掘る必要はない。だから、64億円の交付金が決まっているなんて出す必要はない。だけど、もし何か突かれた時に、腹は痛くないと言える。形として。

「あー、なるほどね。まあ、そういう見方も……。別にそう思うんであれば、そう書いてもらってもいいですよ。別に、フィクションになるって責めませんから。書いてもらって、全然、オッケーです」

半澤は2012年8月に伊達市が出した「除染実施計画」（第2版）において、Cエリアは「スポット除染にする」と明記してあることを以前の取材で強調した。だから今さら、面的除染を望むのは「後出しジャンケン」なのだと。そのような「理」が伊達市の側にあるのなら、堂々と8億円の請求をすればいいだけのことではないか。なぜ64億円を請求して、最終的に8億円に帳尻を合わせるという「小細工」を弄する必要があったのか。

「除染先進都市」として華々しいデビューを切った当初、仁志田市長は「山から全部、市内全域を除染する」と高らかに謳った。ゆえにまさか市民は、市内の7割近い面積が面的除染をされないまま「放置」されることになるとは思いもしない。市内全域除染宣言を覆す「自家撞着」を自覚するからこそ、市長選のために「保険」をかけた。仁志田市政継続のためには、Cエリア住民に何らかの目くらましが必要だと判断したのだ。

目くらましといえば、市長選直前に行われた「Cエリアアンケート」こそ、直接的でわかりやすい。この意図も確認しておきたい。

――市長選告示の2日前に、Cエリアの住民に配布したアンケートですが……。締め切りが、市長選の後になっている。「不満があるようなので、新たな対策を打ち出したい」と書かれてあったものです。これは市の仕事ですよね？

「市の仕事ですよ」

――市の仕事ですが、選挙に関係ありますよね？　皆さん、これを見れば、今まではCエリアを除染しないと言っていたけど、伊達市はやってくれるんだって。そう思いますよね？

「それはコメントしにくいですね。選挙っていうか、政治のことなので」

――これが市から配られたとなると、問題なのではないですか？　選挙と行政の仕事は別だということですが、どう見ても別だと思えないアンケートです。

「まあ、その辺はこちらの方でコメントしにくいことなので。別に僕の方から時期がどうのって指定もしないし、実際にそうだったんだから、そうだと思いますよ」

言葉を濁しながらも、半澤は選挙のために行政が動いたと認めた。そこまでして、仁志田市政を継続させたかった。もちろん仁志田市長自身が望んだことではあるが、伊達市を「実験場」にしている存在にとっても、体制はこのままであったほうが都合がいい。

続いて、Ｂエリアだ。Ｂエリア除染はなぜか、「面」から「スポット」に変えられている。しかも市民に一切知らされずに、こっそりと。

――Ｂエリアの変更申請ですが、戸建除染の変更で、空間線量が０・４２マイクロシーベルト／時以上の箇所を除染対象とするとあります。この０・４２という数字の根拠と、いつの間にか、Ｂエリアもスポット除染に変わっている理由を教えてください。

「０・４２は今、ぱっと思い浮かびません。何か計算があってしたと思います」

――いつの段階で？

「えっ？　変更する時に出てきたかどうか。最初から、ＡエリアとＢエリアは同じじゃないので。Ａエリアはほとんど面的かなと、Ｂエリアが面的と部分的な除染との組み合わせなのかなということで、いましたので」

――でも伊達市の「除染実施計画」には、Ｂエリアに部分的除染を導入するとは書いていませんよね？

「書いてないですよ。ただ、なんでＡとＢとＣがあるかって言うと、その違いがあるから。ＡよりもＢは、Ａと同じくはやらないと」

――でもこれは、変更申請で出て来ています。交付金申請の時には書いてないです、部分的除染にするとは。これは、すなわち0・42以下はやらないということですよね？

「そうですね」

――Cエリアの除染基準は、地表1センチで3マイクロシーベルト／時。矛盾しないですか？　Cエリアで空間線量が0・5とか0・6とかあっても除染されなくて、Bエリアならされるという。0・42以上なら。

「それは、羊羹（ようかん）を切ったようにスパッとは行かないんですよ。線量なので」

――この0・42っていう数字は、市民の目に触れていませんよね？　市民にアナウンスされていますか？

「アナウンスはしてないんじゃないですか」

――市民は知らないわけですよね。Bエリアの住民は今も、スポット除染ではないと思っている。

「いや、どうなんだろう。基本、Bは面的を基準としてますから」

――でもここには、「0・42以上の箇所を除染対象とする」と、対象を限定しています。

半澤はこの議論から抜け出す。

「私は除染が目的ではないので。除染で、外部被曝線量を落とすのが目的なんで。別にその、極端にいうと、そういう線量にこだわっているわけではないんです」

伊達市は、線量にこだわらない？　じゃあ、なぜ、〈0・42〉という線量を、変更申請を行う理由に書き加えたのか。そもそもこうした線量で、どれだけ市民が振り回されてきていることか。

――でも、この基準で明暗が別れるのですよ。

「明暗……ねえ」

半澤は大げさだと笑う。

――Cエリアだけど、0・6とか0・7とかの線量が敷地にいっぱいあって、Bエリアならやってもらえるのに、Cであるためやってもらえないのは、外部被曝に関して、「あなたはCだから、大丈夫ですよ」にはなりませんよね？

「ならないですね。そこはスパッと切れない。そういう齟齬があるのは認めます。ただどこかでBとCを分けなくちゃいけなくて、それがそういうことだったということですよ」

――でもそれは、たまたま伊達市のCエリアに住んでいるばっかりに、生活圏の除染をやってもらえないというのは、不当な差別なんじゃないですか？

「いや、だから、それはそういうふうに書いてもらっていいですよ。でもそれは科学的じゃないし、われわれは外部被曝線量ということでやっていて、それも閾値があると思っていませんから。年間100ミリから1ミリまでの除染という意味で、高いところを早めにやるのが科学的に正しいのだろうと。低いところをいつかはやるというのは、非合理だと感じているところです」

――「心の除染」を謳うなら、本当に除染をやったほうが、心は安定するわけですよ。

「それは認めますよ。全部をやってもらった方がありがたいと思うでしょう。でもそれは科学的じゃないし、エリアを分けた段階でそういう非合理性はあったんですよ」

――たまたま行政によってBとCに分けられて、Cに住んでいるばっかりに、なんで我慢しろと言われるのか。

「僕だって、そういうふうに思いますよ。住民にいい顔をしたければ、やりますよって言った方が受けがいいってのはわかりますよ。ただ、うちの方としては科学的にやるのと、費用対効果とか考えないといけないんですよ」

――こと、原子力災害ですよ。費用対効果が出てくるのがわからない。

「同じですよ、道路を作ってくれと。作ってやった方が、皆さん、心の平穏があるし満足感があるんです。でもそれは全部できませんので、基本的にはそれと一緒なんです。そこが、黒川さんとは立場が違うのでしょうね。放射能災害だ、原発だって、特別にそういうことで分けているわけじゃなく、やるべきか、やらざるべきかということで考えたってことですよ。それが伊達市の方針なので、『伊達市はよくない』って書いてもらって、全然、いいですよ」

――道路工事と同じとは思いません。人の健康、命に関わることです。

「それはまあ、極論ということで。とにかくバランスなんですよ。今は子ども関係の費用が非常に少ない。高齢者を優遇している費用の使い方を若者にシフトしないと将来はないと、そういうことを含めて言っているんです。効果がないものに、そんなに投資する必要はない。逆に国見なんて、2年間何もやらないで、やったら？　と言ってもやらないで、町長が変わったら2年後にやり出した。なんで今更、やる必要があるの？」

――国見町に話を聞きに行きましたが、国のガイドラインに沿って、0・23以上はやると言っています。

「その話は長くなるのでしませんが、うちは除染が目的ではなく、外部被曝線量を下げるということでやっている。さっきから議論しているのは、放射線防護のための除染という立場です。毎度言っていますが、外部被曝線量ですから、個人線量計をつける。それで年間1ミリになる人、多分、いないですよ」

　これこそ伊達市が推進している、「場」の線量から、「人」の線量への転換だ。

――つまり、ICRPの考えでやられると。ICRPとは違う考えもありますよね？

「もちろん、ありますよ。ただ、我々は放射線防護のための除染という立場ですので」

――伊達市は、ICRPの考えのもとにやっていく。それは一貫して、ブレがないということですね。

「そういうことですので、そこは別に争いませんので、そう思っていただいていいんじゃないかということです」


　こうした方針のもと、伊達市はICRPが提唱する「社会的、経済的要因を考慮しながら合理的かつ可能な限り被曝は少なく」という放射線防護を、Cエリアにおいて実践した。

　半澤は幾度となく「科学的」と強調したが、それは原子力を推進したい人たちのための「科学」であり、除染にこれ以上、お金を使いたくない、東電の負担を減らしたいと思っている人たちのための「科学」だ。

　だが、どんな理屈をつけられようが、放射性物質が実際に降り注いだ生活圏において、地表3マイクロシーベルト以上「50センチ×50センチ四方」の局所を取る除染しか行われない「欺瞞（ぎまん）」を、市民は正しく見抜いている。

水田家で、雨樋下の「ホットスポット除染」跡を見せてもらった時、何かの冗談にしか思えなかった。しかもその時、雨樋には4マイクロシーベルト／時の線量があったにもかかわらず、「地表ではない」という理由で放置されたという。

勝手にばらまかれた放射性物質を、「受忍しろ」と言われる筋合いは断じてない。皆等しく、原発事故の被災者であり、被害者なのだ。

市民が肌で感じる曇りなき眼があるからこそ、市民の見えないところで小細工を弄したのか。いつ、どこで、どう突かれてもいいように。かつ、市長の眼にも触れないように。あるいは、対立候補が勝った時のことを考えて。

そうして仁志田市政を継続させ、伊達市は原子力推進機関にとって有利に作用する「実験場」としての使命を全うした。ＩＣＲＰの考えこそが「正しい」と頑なに信じる半澤ら市幹部、田中俊一から多田順一郎へとつながる市アドバイザーたちの手によって。

この伊達市の「実験」は今後、原子力災害が起きた時の貴重な「前例」となるだろう。不必要な除染はしないことで損害賠償費用を削減し、全市民が着用したという前提のもとでのガラスバッジデータから追加被曝基準も引き上げられていく。原子力を推進する勢力にとって都合よく、使い勝手のいい「前例」が、福島第一原発事故後にこうして作られたのだ。

伊達市アドバイザー・多田順一郎は、２０１６年2月20日に行われた「ＮＰＯ放射線安全フォーラム　放射線防護研究会」の場で、原発事故後の福島の経験を踏まえ、このように話した。

「被災地の人に、被災者の立場を卒業していただくことがゴールだと思います」

なんと恐ろしい、「ゴール」だろう。仁志田市長でさえ、市報で公言していたではないか。伊達市から放射性物質が完全に無くなるのは、300年後になると。

取材から2週間後、「〈0・42〉の根拠を示してほしい」とした、「宿題」への回答が半澤からメールで送られてきた。

「0・42は、Bエリアの除染作業後の目標線量です。（中略）計算式は下記のとおり。

1・00−0・04＝0・96（事故前からあった自然放射能を0・04としてその分を減）

0・96×0・6＝0・576（追加被ばくを6割減ずる＝特措法の基本方針）

0・96−0・576＋0・04＝0・424≒0・42（回りくどいが、約4割まで下げる、ということ）」

2014（平成26）年2月18日付け、「除染対策事業変更承認申請書」（伊達市長職務代理者副市長　鴫原貞男）。ここに添付された「戸建住宅の除染方法について」、「変更後」はこう記されてある。

「空間線量が0・42以上の箇所を除染対象とし、線源を特定するため、コリメータを使用する（以下、略）」

あとがき

あれは父がまだ健在だった時、だから原発が爆発して放射性物質がここまでやってくるなんて誰ひとり、夢にも思わなかった頃。

その日はなぜか子ども連れではなくひとりで、しかも日が落ちてから、阿武隈急行「やながわ希望の森公園前駅」に降り立った。実家まで大した距離でもないのに、父が車で迎えにきてくれるという。

小さな駅舎は夜に無人となり、降り立った数少ない乗客もあっという間に闇に吸い込まれていった。誰もいないロータリーでぽつんとひとり、父の車を待っていた。田植えが終わった時期独特の湿った風の匂いと夜の気を浴びながら、雷に打たれたかのように不意に痺れるような感覚に襲われた。

覚えている、ここに満ちているものすべてを。この夜の匂い、濃密な空気……、ここにあるすべてで私は作られたのだ、と。

立ちくらみのような名状しがたい不思議な思い。これが、故郷というものの意味なのだろうか。

皮肉なことに、ここ梁川町は福島県に原子力発電所を建設した当時の東京電力社長、木川田（きかわだ）一隆（かずたか）（1899～1977）を輩出した土地でもある。木川田は、福島県知事・木村守江（当時）とともに、同社最初の原発を福島県に建設することを決めた。

生家は梁川町の最奥、背後は宮城県という山深い里「山舟生（やまふにゅう）」にある。木川田はここで医師の三男坊として生まれた。山舟生小学校から梁川小学校高等科へ。山舟生から梁川町中心部までは、徒歩で1時間半はかかるだろう。子どもの足で毎日、通ったというのが驚きだった。地元民の感覚では、「歩く」距離では絶対にない。もっとも私の亡き叔父も「帰りは阿武隈川を泳ぐんだ。下りですいすい進むがら楽でいいんだよ」と武勇伝を教えてくれたが、戦前の子どもには当たり前のことだった。

中学で故郷を離れ、宮城県角田（かくた）市へ、山形高校を経て、東京帝大経済学部に入学。東電の前身、東京電燈株式会社への入社が1926年。

木川田の生家の隣に住む古老、八巻長蔵（やまきちょうぞう）（88歳）は、生前の木川田を知る貴重な人物だ。木川田は1950年の母の葬儀を最後に生まれ故郷を訪ねることはなかったが、八巻は木川田が原発導入にあたり、このように話していたと身内から聞いている。

「原子力発電所という危険なものは、福島県に持って行っては絶対にダメだ。俺の生まれ故郷だから」

ジャーナリストの田原総一朗は『ドキュメント　東京電力』において、「原子力は悪魔だ」と言っていた木川田が原発建設に踏み切った背景に、戦前・戦中に電力が国有化され、国に任せた結果、電力がどうなったのかを身をもって知っていたことが大きいと指摘する。

何か起きた時に、最終的に民間に付けを回す官僚や政治家に、原発という危険なものを任せられないという信念が木川田にはあった。同書に、木川田の側近のこんな言葉がある。

「木川田さんは、一、二年でポストが変る官僚や、国民会議（筆者注・原発のために民官一体の組織として構想されたもの）というような責任の所在のあいまいな組織に、エネルギーという重要なものを委ねるわけにはいかない。一番責任を持ち得るのは企業だ、という信念があったのでしょう」

だからこそ、国にやらせるのではなく、民間企業こそが原子力発電を担うべきだと、木川田は率先して原発建設に踏み切った。

しかし実際、最悪の事故を起こした東電は、きちんと責任を全うしたのか。一番責任を持ち得ると木川田が胸を張った東電の姿は、もはやどこにもないと言っていい。

知事・木村守江が木川田に頼み込み、県内で最も貧しい地域を打開しようと建設した福島第一、第二原発。たしかに大熊町や双葉町など原発周辺自治体は潤ったが、しかし今や帰還困難区域、残ったのは無人の町だ。くわえて原発の恩恵を一切受けることがなかった木川田の生まれ故郷を含む多くの地域が、取り返しのつかないほど汚染された。

2016年夏、本書の取材が終盤を迎えた頃、私は梁川町にある「子ども遊び場」を訪ねた。「子ども遊び場」とは伊達市が設置した、屋内遊技場だ。

七夕を前に、室内にはいくつもの短冊がかけられた笹飾りが揺れていた。懐かしさにかられ、何気なく近づき、短冊の「お願い」を見るともなしに眺めた。かわいらしい、無邪気な願いを想定しながら。

思わず、息を呑んだ。

「おかあさんになれますように」

「パパ、ママ、みんな健康ですごせますように」

「病気にかかりませんように」

あり得ない。私がかつて子どもの頃、七夕のお願いに家族や自分の健康を祈ったことなど一度もない。まして「おかあさんになる」ことは願うことではなく、自然の摂理という自明のものとして未来にあった。

木川田は、自分より100年以上あとに生まれた故郷の子どもたちが、七夕飾りにこのような願いごとを託すことになろうとは、もちろん夢にも思わなかっただろう。「責任をもつ」と、故郷にもってきた原発によって、こんな「未来」が子どもたちに強いられることになるなんて。

鉛筆で書かれた几帳面なしっかりした文字に、涙がこみあげた。子どもたちは知っている。大人がいくら原発事故や放射能を「ない」ものにしようとしても、何が大事なのかを。「隠す」ことの欺瞞をきっと、子どもたちは見抜いている。

天井が高い広々とした空間には、色とりどりのカラフルな遊具が趣向を凝らして配置され、屋外には汚染されていない砂が敷き詰められた砂場も、屋根の下に作られている。

こうして大人が「子どものために」と用意したこの空間で遊ぶ、当の子どもたちはどんな思いでいるのだろう。「安全で大丈夫」だと大人たちは言うのに、なぜ、室内で遊ぶようにこんな施設を作るのか。ジャングルジムも滑り台も、安全なのだから外で遊べばいいだけなのに。

この地で生きていくことは、数多くの「矛盾」をその身に受けながら暮らすことだと、早瀬道子は言った。その一端が、ありありと目の前にあった。

とはいえ、私は新幹線に乗って東京に帰れば、このような矛盾や不条理を忘れることができる。小国小学校のプールの排水路で、84マイクロシーベルト／時の場所に立っても、靴底についた土を落として、新幹線に乗るわけだ。私はそうやって逃れることができる。

しかしこの地で生きるということは、水面から顔を出してほっと息を吸う暇もなく、矛盾や理不尽、被曝の危険性にがんじがらめにされて24時間、生きることに他ならない。頭の真上に重く垂れ込める雲は決して、晴れることはない。

この厳然とした事実を、身をもって確認する取材となった。


取材に応じてくれた人々の「その後」を伝えたい。

本書でただひとり、母子避難という形を選択した椎名敦子はこう話す。

「子どもたちは思春期の普通の悩みで悩んでいて、部活も思いっきり楽しんでいます。小国にがんばって住み続けていたとしても、やっぱり、子どもの気持ちにいいことはなかったって思うんです。汚染がないところに今、子どもたちがいるというだけで安心です」

夫の亨は将来をこう見据えている。

「息子は向こうでの大学進学を考えていて、娘には高校をどっちにするかは聞いてみようと思いますが、この生活を変えるつもりはありません。もう、この生活が私ら家族にとって、普通なんです。ただ、子どもたちには小国というふるさとがあること、生まれたところ、育った家を覚えていてほしい。それだけですね。三代続いた家業を、息子に継いでもらうことは考えていないです」

大府市内の喫茶店で向き合ったあの夏、敦子は最後に、はにかみながらこう言った。

「おかげさまで、幸せです」

上小国に住む高橋佐枝子も、おっとりと穏やかな表情をしていた。今は自分のペースで畑仕事をしたり、ゆったりと暮らしている。

「前は毎日、(線量を)測っていたけど、今はやんないねー。野菜も前のようには測んない。もう、出ないがら。測るのはキノコとかタケノコとか、セシウムが出るのだけ。それでも破竹(はちく)とかはだいぶ、下がってきた」

今、庭先が大体、0・2マイクロシーベルト/時というのだから、保原町の川崎家や水田家より低いのではないか。

「除染で相当、下がったない。前は家の後ろは8とか9、ばんばんあったんだから。どれ、久しぶりに家の中、測ってみっか」

佐枝子が線量計のスイッチを入れると、0・09〜0・14。これは水田渉が毎朝、記録する線量より低い値だ。ここは、Aエリアなのに。

来春、長男が大学を卒業し、家に戻ってくるという。福島市内での就職が決まったためだ。ことをなげに佐枝子がそう言うものだから、驚いて聞き返してしまった。「ここは、子どもが暮らす場所じゃない」と言っていた、佐枝子なのに。

佐枝子は、「ほだよ」と笑う。

「これだけ、下がれば大丈夫かなって。それにもう10代じゃないし、大人だから」

最近、夫の徹郎が中学の同級生を呼んで宴会をした。「地点」になった人も、そうでない人もごちゃ混ぜで。笑いまじりに、こんなやりとりをしていたという。

「おめら、毎月、10万、もらったんだべ。どうせ、使っちまったんだべ。俺によごせば、増やしてくっちゃのに」

「ふざげんな。おめに渡したら、どうなってっか、わがったもんじゃねえべ」

佐枝子はぽつりと言った。

「全部、喜明さんのおかげだ」


市議の菅野喜明との最後の取材は、特定避難勧奨地点のADR第2弾が勝利し、和解金が出ることがわかった翌日のことだった。

「2年前、東電が和解を受け入れた時は達成感がありましたが、今、勝利感は感じないですね。何か、変わったのかなって思うんです。原子力政策が見直されたわけでもなく、再稼働が行われ、本当の意味での事故の責任もとられていない。大変残念なことに、小国地区の後に出された同じような集団和解申し立ては、ほとんど成立していません。5年半経って、何も変わってないなーって。それを思うと、むなしいですね」

事故後、福島第一原発の視察に行った時、強烈に思ったことがあった。

「こんなもの、福島県にあったんだって。それまで第一原発なんて、見たことないですから。あの辺りって、滅多に行く場所じゃないですし。見たこともないものが爆発して、自分たちの町に降ってきたって、備えるどころか、何も知らない。我々は何も悪いことをしていないのにこんな目に遭って、あげくに誰も助けてくれない。やられたのは、住民を分断させて統治すること。伊達市は子どもすら、守ってくれなかった。こんな理不尽なこと、ないですよ。ただ人間はずっと、怒り続けるのは難しい」

　小国でももはや放射能のことは、人々の口に上らなくなった。

「つらい記憶は誰しも、忘れたいんです。だけど、若いお母さんが急性白血病で亡くなったと聞くと……」

　そう語った喜明の目が潤んだように見えた。

「だから、子どものことを親たちがすごく心配しているのは、私にはわかります」

　保原町に住む川崎真理は、伊達市には諦めしかないと言う。

「時間が経つにつれて、除染してもらうのは無理だって思うしかなくて、市に対して言う気力もなくなった。だけど見えないけれどあるんだし、ガラスバッジより、まずは除染でしょって心の奥底では思っている。周りはもう大丈夫と言うけど、私は子どものことだけは何としても、防御していきたい。それは変わりないですね」

　ホッとしているのは、詩織のサイログロブリンの値がようやく、正常の範囲内に収まってきたことだ。それだけが救いだという。

真理の職場は、全戸全面除染をした国見町にある。そこは自宅より線量が低い。

「親である自分だけが、子どもより線量の低いところに日中いるのが、本当に申し訳なくて。家って落ち着ける場所であってほしいのに、職場より線量が高いから、帰ると、ああーって思う。心の底からくつろげない」

最近、真理には気になることがある。なんとなく、「嫌な予感」がするのだと。

「なんか、子どもたち、ほんとによく寝るんです。休みの日は2人ともずっと寝ている。これって、どうなのかなって。大人もなんか、ものすごく疲れやすくて、家族みんなで日曜の昼間、寝ていたりするんです。私の気のせいなら、いいんですけれど」

ふと、「原爆ぶらぶら病」が脳裏をよぎる。原爆の被曝者に、疲れやすくなり身体がだるくなる症状があったことを。単なる気のせいであってほしいと願うのみだ。

水田渉と奈津には、Cエリアを除染しないという伊達市への不信、怒りがある。2人はまだ、Cエリア除染を諦めていない。しかし、どこを崩せば方針が変わるのか、その手がかりが見つからない。

「市議会で『Cエリアの全面除染』を求める請願を出しても、趣旨採択。趣旨採択ってなんですか？　言ってることはわかるけど、何もしませんってことでしょう」

2015年12月16日、伊達市議会では「『Cエリア生活圏の全面除染』等の実施を求める請願書」が、渉の言う通り、「趣旨採択」となって葬り去られている。もう、議会で打つ手はないのだろうか、2人は歯ぎしりするような思いで暮らしている。

Cエリアを除染しないために、伊達市が裏で何をしていたのか、本書で見たささやかな事実が転機を作ってくれはしないか。その一助となることを願うのみだ。

渉は民間のクリニックで子ども2人の甲状腺エコーをした際、「親御さんも」と言われて受けた検査で、C判定とされた。

「俺、C判定だったの。結節が3個あって、一部、石灰化してるって。それから3回、細胞診して、悪いものが出なかったんで、今は経過観察。細胞診って、あれ、『ちくっ』どころじゃないから。ものすごく痛いんだよ。あれを今、たくさんの子どもたちが受けていると思うと、たまんなくなる」

青木一政の「ちくりん舎」で行った尿検査でも、家族の中でセシウムが検出されたのは渉だけだ。奈津は言う。

「畑仕事をしてるから、吸い込んでいるんじゃないかって思うんです。野球部の子も尿検査で出たと聞いたけど、やっぱり土埃を吸い込んでいるからだと思う。だから子どもたちは極力、外で遊ばせない。そんな生活をもう6年近くもしている。ふっと思うんです。自分が子どもの時と同じことができていない。ひかりはまだ川で遊べていたけど、真悟は小3から外に出さなかったから、虫とか触っていないんです。だから、虫は嫌がりますね。パニックになる。子どもらしい暮らしをしていない」

真悟は事故の翌年、両親には言わないことを、ある大人に伝えたという。小さな胸に、ずっと抱いていたその願い、それは……。

「震災前に、戻してください」

早瀬道子は今、「自分にうそをついて生活することが、とにかく苦しい」と言う。

「毎日、毎日、矛盾と闘いながら生活してるんです。たとえば、梁川小学校のモニタリングポストは0・06。すごく低いと思うでしょう？　だけど除染してある低いところを選んでモニタリングして、何の意味があるのかって思うんです。河川敷側の校庭は0・5とか0・6あるのに、そっちは測らない」

「気にしてないフリ」をしなければ、地域社会で浮いてしまう。

「だけど、気にしてないフリをするのも疲れちゃった。県外の人と話せば気をつけて生活しているフリ。どっちがほんとの私なの？　って」

休みの日、子どもを神社に連れて行った。大きなどんぐりがごろごろあるのを知っていたからだ。

「あたし、ほんとにバカなんです。子どもって、見たら拾いたくなるでしょ。拾ってきて、それで何か作品を作るのが玲奈は大好きで、でも『それ、お部屋の中でやんないでね』って言うしかない。玄関で作って、玲奈が『できたー！　飾っていい？』っていうのを、『放射能が高いんだよ』と遮らないといけない。こんなの、おかしいですよね」

道子の目が、切なそうに潤んでいく。

「だから、3人の子どもには『中学でも高校でもいいから、ここから出てっていいんだよ』っていつも言っています。横浜のおじさんのところに行けばいいんだって」

道子は今、福島の母を支えようとする県外の人たちとのつながりで救われている。

「声をあげても変わらない、伊達市にいくら言っても無駄なだけ。『神さまなんて、この世にいねえや』って思ったけど、青木さんはメールをくれたり、電話をくれたり。大分の人たちからはダンボール9箱もの野菜が、お手紙付きで届くんです。東京の『福島こども支援プロジェクト・西多摩』の人たち、山形の『森の休日』の人たちの保養プロジェクトにも、すごく助けられています。だから、『ああ、このつながりが、私の神さまなんだ』って……。つながった人たちの心を大事にしていきたい。つながっていれば、助けてと言えるから」

こう一気に語った後、道子はふっと息を吐きこう言った。

「子どもたちにも、つながりの大切さを感じてほしい。もし、私がいなくなった時、助けてと言えるように」

道子のこれまでの努力は、ちゃんと実を結んでいると私は思う。

長男の龍哉が放射線教育の授業を受けて、こんな感想を記していた。題材は環境省発行「調べてなっとく　放射線」。子どもたちに、放射線を受け入れさせるために作られたテキストだ。

「ほうしゃせんはいずれなくなるけれども、なくならないうちは、とてもきけんな物だということです。…この本をよんで、ぼくは疑問に思うことが一つありました。それはほうしゃせんはいずれなくなると書いてあったけど、いずれというのが何年後なんだろうと思いました。…また、じょせんのことについてです。じょせんをしてくれるところはありがたいのですが、100年たっても、もしほうしゃせんがなくなっていなかったら、またおなじところをじょせんしないといけないと思いました。ぼくはまだ、今のふくしまは安全ではないと思いました」

どうしても伝えたいことがある。それは水田家の長女、ひかりの思いだ。ひかりは今、21歳。センター試験直前の交通事故で受験を諦めざるを得なくなり、以来、精神的に不安定な状態が続いている。福祉系に進みたい夢はしっかり胸にあるが、今は心の回復を優先している。

車の後部座席でひかりの横に座った時、思い切って尋ねてみた。

「原発事故から今度で6年になるけれど、ひかりちゃんは今、どう考えているの？」

ひかりは、この何とも歯切れの悪い質問をそのまま素直に受け止めてくれた。

「なんか、こわいっていうか。サンダルで歩いていて脱げて、素足がコンクリートに触れた時とか、『すぐに足、洗わなきゃ』って焦ってしまう。農作業は長靴を履いてやっているんですが、その長靴が汚染されていないところを歩く靴に触っただけで、ひとりでパニックになってます。人工の放射能だからなのかな」

ひかりはこちらの意図を察して、話を続けてくれる。

「うちは親が除染を考えてくれているから安心なんですが、でも、大丈夫かなあという不安はあります。うちはがん家系だし」

そしてまさか話してくれるとは思わなかった、しかし取材者としては最も聞きたかった思いを打ち明けてくれた。

「子どもがちゃんと生まれるかなという、不安があります」

ぽろっと、こぼれたような言葉だった。ひかりははっと慌てて付け加えた。

「もちろん、私はどんな子が生まれても、一生懸命、愛します。でもできれば、自分みたいに元気に生まれてほしいんです」

高校時代、科学部の先輩がこう話した。

「ゆくゆくは、子ども、ほしいよね。だから、早く子どもを産んだ子たちがどんな子どもを産んだのか、それを見てから産むかどうか考えればいいかなって思う」

ひかりは心底、納得した。

「私、なるほどって、本当にそうだと思ったんです。産まないという選択肢もあるかなって」

ひかりは内面の奥深いところにある思いを確認するかのように淡々と話す。誇張でも悲嘆でも絶望でもなく、現実をありのままに受け止めようとする、クールな眼差しがそこにあった。

それにしても大人の入り口に立ったばかりの女性の前に、子どもを産むという未来さえ、なんと不確かで、悲しい予感がつきまとうものとなっているのだろう。

ひかりは吹っ切るように、くすっと笑う。

「私はまだ不安定で、家から出ていくことはできないんです。だから、汚染のない場所に避難するのは無理なんです。でもうちは親がちゃんと守ってくれているので、安心です」

今回、取材で会った親たちは皆、子どもを守るために苦悩し、必死に生きてきた。その思いはちゃんと子どもに伝わっていることを強く思う。

ひとたび原発事故が起きれば、この国に民主主義があったのかと疑わざるを得ないように、人々は大きな力に翻弄される。

最も大事で最も優先されるべき、子どもの健康・子どもの未来さえ、原子力産業や原子力政策の前にあっけなく吹き飛ばされるさまを、まざまざと見た。

伊達市が守ったのは「市民」ではなく、「伊達市」だった。福島県も国も、同じだろう。

これは決して対岸の火事でも、他人事でもない。私たちは今、そうした社会に生きている。


本書を終えるにあたり、取材に応じてくださった伊達市の皆さんに、心からお礼を申し上げたい。何度、訪ねても快く迎えてくださった皆さんのおかげで、本書を世に出すことができた。ただただ、感謝するばかりである。

そして、困難な取材を一貫して支えてくださった、集英社インターナショナルの髙田功さんに心より感謝申し上げたい。おかげで、最後まで走りきることができた。また情報公開請求のやり方を手ほどきして下さり、一緒に福島県と伊達市への請求を行うなど、取材の終盤に「共闘」を申し出てくださった、毎日新聞の日野行介さんにも心よりお礼を申し上げたい。

福島第一原発事故という人災は未だ、現在進行形である。子どもを守る親たちが孤立しないよう、多くの支えが生まれてくることを心より願って本書を終えたい。

２０１６年11月　　黒川祥子

本書は、書き下ろしです。

なお、「ＡＥＲＡ」２０１３年2月11日号「福島県伊達市小国地区を歩く『避難勧奨』矛盾と無責任」、「新潮45」２０１４年3月号「原発事故から3年 母親たちが直面する八方塞がりの現実」において著者が行った取材が、本書の一部に反映されています。

参考（引用）文献

・『3／11キッズフォトジャーナル 岩手、宮城、福島の小中学生33人が撮影した「希望」』（3／11 Kids Photo Journal編、講談社、２０１２年3月）

・「広がる子どもたちの内部被ばく～その低減のために 続・子どもたちの尿検査からみえてきたもの」（福島老朽原発を考える会「フクロウの会」、２０１２年4月13日）

・「子どもたちの尿検査から見えてきたもの Ｖｏｌ.3 福島県「健康管理調査」で子どもたちの健康は守れない 継続検査で内部被ばく低減を」（福島老朽原発を考える会「フクロウの会」、２０１３年1月28日）

・『原発事故と放射線のリスク学』（中西準子、日本評論社、２０１４年2月11日）

・『ドキュメント 東京電力～福島原発誕生の内幕』（田原総一朗、文藝春秋、２０１１年7月10日）

黒川祥子 くろかわ・しょうこ

1959年福島県生まれ。東京女子大学卒業後、弁護士秘書、ヤクルトレディ、デッサンモデル、業界紙記者などを経てフリーライターに。2児をもつシングルマザーとして、家族問題を中心に執筆活動を行う。『誕生日を知らない女の子 虐待――その後の子どもたち』で第11回開高健ノンフィクション賞受賞。著書に『熟年婚 60歳からの本当の愛と幸せをつかむ方法』（河出書房新社）『子宮頸がんワクチン、副反応と闘う少女とその母たち』（集英社）など。また橘由歩の筆名で『セレブ・モンスター』（河出書房新社）『身内の犯行』（新潮新書）などがある。

「心の除染」という虚構

除染先進都市はなぜ除染をやめたのか

2017年2月28日 第1刷発行

著者 黒川祥子

発行者 手島裕明

発行所 株式会社 集英社インターナショナル
〒101-0064 東京都千代田区猿楽町1-5-18
電話 03-5211-2632

発売所 株式会社 集英社
〒101-8050 東京都千代田区一ツ橋2-5-10
電話 読者係03-3230-6080 販売部03-3230-6393（書店専用）

印刷所 図書印刷株式会社

製本所 ナショナル製本協同組合

ISBN978-4-7976-7339-5 C0095